신동화 명예교수와 함께하는

식품 산책

신동화 명예교수와 함께하는

식품 산책

신동화 지음

식품지널

시작하면서

식품은 생명의 원천이다. 인간이 살아가면서 느끼는 즐거움의 반은 음식을 먹을 때 온다고 한다. 식품이 영양성분을 공급하여 우리 생명을 유지하는데 필수이긴 하지만 먹는 행위에서 오는 만족감, 행복감은 결코 다른 것으로 대체할 수가 없다. 그래서 생명체로 막 태어나는 순간부터 생을 마감할 때까지 한시도 몸에서 떼지 못하고 더불어 함께 하는 것이 식품이다. 우리 속담에 '금강산도 식후경' 이라 하지 않았던가. 인간 본능 중 가장 앞선 욕구이기도 하다. 식품의 바탕은 농수축산물이고, 이들은 모두가 자연에서 얻어지는 천연물로 인간의 지혜가 축적되고, 과학이 아무리 발전했다고 해도 지금껏 단 한 톨의 쌀도 인위적으로 만들 수가 없다. 아마 앞으로도 인간이 먹는 식품은 인간 의지대로 합성하여 식탁에 오르기는 어려울 것이다.

현재 세계인구의 반은 굶주린다는데 다행스럽게도 우리는 이 고통에서 벗어나 공기와 물 같이 항상 옆에 있기 때문에 그 존재 자체를 간과하는 것이 우리가 지금 대하는 식품이 아닌가 한다. 매일 내가 먹고 있고 접하기 때문에 짐짓 잘 알고 전문가로서 손색이 없는 것 같으나 사실 조금 안으로 들어가 보면 어느 것 하나 단순한 것이 없다. 농산물·수산물·축산물 등 원료는 물론이요, 가공 처리하여 제품을 만드는 과정은 모든 현대 과학기술이 총 동원되고 활용되고 있어 어느 과정 하나 쉽지 않다.

이 책에는 우리가 잘 알고 있는 듯 생각하고 있는 식품에 대하여 오랫동안 이 분야에서 일해 왔던 한 사람으로 평소에 느끼고 생각해 왔던 것을 정리하여 담았다. 또한 일상적인 사회생활에서 접하였던 것을 글로 표현하여 전달하고자 노력하였다. 상당히 긴 시간동안 정성 들여 연구하고 체험했던 여러 식품에 대한 경험, 특히 관심을 두었던 우리나라 식품의 대표 주자인 발효식품의 특성과 기능, 앞으로 발전시켜야 할 분야를 거론해 보았으며, 식품으로서 가장 중요한 안전의 문제와 가능한 관리 방법을 제시하여 정책 입안자나 기업, 과학계에 도움을 주고자 하였다. 행복한 세상을 위한 평소 마음 속에 있었던 나름의 생각도 피력하였다.

나도 한 사람의 소비자이면서 이 분야에서 일해 왔던 사람으로 평소 갖고 있던 여러 의견을 종합하여 앞으로 더 발전해야 하는 식품산업, 정책, 연구해야 할 분야와 방법 등을 정리하고 종합하여 실었다. 이 책의 내용은 나의 의견을 제시하여 관심 있는 분들에게 작은 생각의 편린을 공유하고 공감대를 이루고자 하였다. 이 책을 읽는 분들과 일부라도 생각을 같이 할 수 있다면 무한한 영광이다.

끝으로 이 책을 출판할 수 있게 배려해 주신 식품저널 강대일 사장님, 편집과 세세한 교정을 맡아 제 모습을 갖추게 해 주신 나명옥 편집국장님께 깊은 감사를 드린다.

신동화 전북대 명예교수

추천사

수 년 전 고려대학교 원로교수님들과 목포지역을 여행하면서 강진에 있는 다산초당을 방문한 적이 있습니다. 18년간 이곳에서 유배생활을 하면서 역사에 길이 남을 수많은 저술을 남긴 다산정약용선생의 고뇌와 목민(牧民)을 생각하는 고매한 정신을 느낄 수 있었습니다. 그 시절 시류에 영합하고 권력에 아부하며 바쁘게 살았다면 지금 다산을 기억하는 사람은 아무도 없었을 것입니다. 역시 학자는 시대를 관조하고 사색해야 하며 그 뜻을 글로 남겨 지식의 축적에 기여하고, 사람들을 계도하는 본연의 사명에 충실해야 한다는 생각이 들었습니다.

식품과학은 인간의 생명을 유지하고 보존하는데 가장 필요한 학문입니다. 자연과학에 기초를 두고 있으나 생산과 가공, 유통, 소비 등 여러 과정에서 일어나는 사회 경제적인 문제까지 포괄하는 광범위한 분야를 다루고 있습니다. 그래서 식품과학을 공부한 사람들은 농사에 관심을 가지게 되고, 식량의 분배와 복지에 관련된 경제와 정치에 관여하게 되고, 국민의 건강과 행복 추구에 책임감을 느끼게 됩니다. 사회가 제대로 되려면 식품과학자가 국회에도 진출하고 언론이나 시민운동에서 중요한 역할을 담당해야 합니다. 오늘날과 같이 검증되지 않은 정보의 홍수 속에서 국민들이 갈피를 잡지 못하고 불신과 불안만 커지는 SNS 초기혼란시대에는 더욱 식품학자들의 역할이 요구되고 있습니다.

검증되지 않은 식품괴담들이 난무하여 소비자들이 불안해하고, 기업들이 경제적인 어려움을 겪고 있는 시대입니다. 과학적으로 안전성이 입증된 식품재료들을 못 먹을 것으로 매도하거나 자연적이라는 이름으로 상품성이 떨어지는 식품을 두 세 배 비싸게 팔고 있는 잘못된 사례가 너무 많습니다. 저자는 우리시대를 대표하는 식품학자로서 이러한 사회 경제적인 문제에 대하여 고민하고 국민을 계도하고 계십니다. 그동안 여러 매체에 기고하신 모아 '신동화교수와 함께하는 식품 산책' 단행본으로 출간하셨습니다. 건강한 식생활을 위한 제언과 식품 안전의 문제에 대한 깊이 있는 사색의 단면을 보여주십니다. 특히 전통 발효식품 전문가로서 발효식품의 현재와 미래를 진단하고, 예찬한 좋은 글들을 남기셨습니다. 행복한 세상을 위한 신동화 교수님의 생각을 공감하면서 많은 분들이 이 책을 통해 식품에 대한 바른 지식과 판단력을 갖게 되기를 기대합니다.

2017년 4월

이철호 한국식량안보연구재단 이사장 · 고려대학교 명예교수

차례

제2장 식품산업의 길, 식품과 안전

에필로그

제1장
건강 식생활을 위한 제언

1. 인간과 식품

현대 인류와 비슷한 동물은 250만 년 전에 출현했고, 그 당시 같이 살았던 다른 동물과 딱히 두드러지게 차이가 나지 않았다고 한다. 우리 인간의 시조는 결국 다른 생명체와 다르지 않게 출현하였으나 특이한 진화 과정을 거쳐 지금에 이른 것으로 추정된다.

인류 기원은 처음 오스트랄로피테쿠스에서 호모에렉 투스로 발전하고, 이후 우리 조상이라고 추정되는 호모사피엔스로 이어지는 진화 순서를 거쳤다고 알려졌다. 이 이론도 근래 호모 날레디 등 계속되는 인류 조상으로 추정되는 화석 발견으로 기존의 이론이 흔들리고 있지만, 한 생명체로서 지구 기후와 환경에 적응하여 생존하기 위한 진화는 계속되었다고 여겨진다.

현재 인간의 유전자는 98%가 침팬지와 유사하고 식물과도 60~70%가 닮은꼴을 보이고 있어 과학적인 측면에서 이들 발생 기원을 거슬러 올라가면 결국 단세포에서 시작하여 분화되면서 진화했다는 이론이 설득력을 갖는다.

여하튼 현세에 이르기까지 인류에게 가장 큰 영향을 준 것은 수렵, 채집으로 먹이를 구하는 단계에서 농경·사양으로 안정된 먹을거리를 확보하게 된 것으로, 이는 인류사상 혁명적 사건이었다. 이 결과로 사는 집단이 형성되고, 이에 따라 상호 의사 교환이 가능한 단계로 접어들면서 군집생활 체제를 갖추었다고 본다. 그에 따라 많은 구성원을 관리하기 위한 사회 조직을 형성하면서 이후 지적 능력이 크게 발전하게 되었을 것이다. 풍부한 먹이 확보, 이를 비축하거나 관리하는 기술, 얻은 먹이자원을 지키기 위한 방어 수단 등이 인류 역사를 형성하는 계기가 되었다. 이 때부터 내가 확보한 영역을 지키고 생산한 식량자원을 빼앗기지 않기 위한 투쟁의 시발점이 되었다고 보인다.

비교적 안정된 먹이 확보로 생활이 안정되었고, 불의 이용으로 인간의 기본 욕구인 음식에 맛을 부여하기 위한 기술과 지혜가 계속 발전하게 된다. 지역에 따라서는 4계절의 영향으로 겨울 등 비수기에 필요한 음식을 비축하고 갈무리하는 방법이 개발되어 식품가공기술이 인류사회에 정착되기 시작하였을 것이다. 초기는 햇볕에 말려 건조품으로 저장하거나 염절임으로 저장기간을 연장시키는 방법이 일반화되었고 이후 열처리에 의한 살균 기법, 조합으로 새로운 제품 창조, 발효 기법 도입, 저장유통을 개선하기 위한 포장기술 등 그 영역을 크게 확대하면서 현대 식품가공산업이 정착하게 되었다.

원시 사회에서는 자가 생산과 소비가 기본이었으나 사회가 집단화되면서 직업이 세분화되고 개인별 역할이 구분됨에 따라 생산자와 소비자가 분리되는 시대를 맞게 된다. 즉 자가 생산, 자가 소비시대에서 생산자와 소비자가 분리되어 대부분 타인 의존형 식생활이 정착되는 계기를 맞는다. 미국은 1%의 농업종사자가 세계 여러 나라 사람에게 곡물을 공급하고 있으며, 우리나라도 5% 내외의 농민이 95% 소비자에게 먹을거리를 공급하고 있다. 이런 생산과 소비구조의 변화에 따라 생산된 원료를 소비자에게 전달하기 위해서 저장성, 기호성을 높이기 위한 여러 가공 기술을 도입하여 제품을 생산, 판매하는 식품가공산업이 발전하는 계기가 되었다.

현대 식품산업도 크게 변화하고 있다. 즉, 모든 과정을 인력에 의존하는 수작업 시대에서 상당부분을 기계화·자동화하는 산업화 단계로 진입하였다. 원료 생산도 전적으로 자연 의존형에서 인공지능형 생산 형태로 모습을 바꾸고 생물공학 발전으로 품종 육종과 특성을 달리한 개량종 육종 등 최첨단 기술이 도입되어 생산량 증대와 특화된 원료 확보가 가능하게 되었다.

근래 일고 있는 4차 산업혁명의 물결에 힘입어 우리 식품산업도 원료생산에서 제품생산까지 IT, NT, BT 등 새로운 영역의 기술과 이들을 연계한 IoT, IoE 등의 적용으로 인력 수용이 최소화된 스마트 팩토리(smart factory)가 출현하고 있다. 또한 3D기술은 이제 조합과 조리를 통한 신제품 개발까지 기계와 인공지능의 힘을 빌려야 할 지경에 이르렀다.

미래의 식품소비 경향을 볼 때 영국 일간지 데일리 메일에서는 유동식인 소이렌트(soylent)식품이 간편식으로 출현하여 기본적인 영양소를 공급하면서도 기호를 충족시킬 것으로 예측하고 있다. 또한 일본에서는 환자, 노인, 특수 계층을 겨냥한 개호(介護)식품이 새로운 시장 영역으로 나타나고 있다. 이와 함께 정상식사가 불가능한 특수 여건의 군인, 우주인 등 일반적인 방법으로 먹기가 어려운 직업군을 겨냥한 피부에 붙이는 영양 패치가 출현하기도 한다.

우리나라는 1인가구와 맞벌이 가정이 늘면서 혼밥 시대의 여파로 간편식시장이 2011년 1조 1067억 원에서 2015년 1조 6720억 원으로 급증했으며, 이 추세는 당분간 지속될 것으로 보인다. 이와 같은 식사 형태의 변화는 인간 욕구의 변화에 생활환경, 사회 여건에 따라 계속 변하겠지만 기본적으로 영양 섭취의 기본 요구뿐만 아니라 먹는 즐거움을 빼앗는 시도는 그렇게 쉽게 받아들이지 못할 것이다.

수 백 년간 진화해 온 우리 인간 유전자에 각인된 생체 대사와 먹이에 대한 수용 방법은 그렇게 쉽게 변하지 않는다. 굶주림에 대비한 비축 본능과 여태껏 먹어왔던 식재료에 대한 적응 등의 특성을 단기간에 변화시키려는 시도는 많은 부작용을 낳을 수 있다. 인체의 오묘함에 식품이 곁들여 앞으로 많은 연구와 상호 작용에 대한 이해의 폭을 넓혀야 한다.

2. 건강 식생활을 위한 지혜

우리가 매일 먹는 음식이 건강에 가장 큰 영향을 미친다는 것을 누구나 알고 있다. 하루도 거르지 않고 음식을 먹어야 생명을 유지하기 때문이다. 그러나 이들 음식은 먹은 후 이익이 되기도 하고, 독이 되어 해를 끼치는 경우도 있다. 즉 영양공급을 통하여 우리 생명을 지켜주고 먹는 즐거움을 선사하기도 하지만 잘못 처리된 식품은 건강을 해치거나 심지어 생명을 잃게할 수도 있다. 또 특정 성분을 과다하게 섭취해서 일어나는 영양 불균형, 비만 등 만성병이 생기는 것도 식품 섭취와 관계가 있다.

먹는 음식 종류와 양은 사람에 따라 다르며, 활동 강도와 연령 등과도 관계가 있어 어느 음식이 누구에게 얼마만큼 도움이 될 것인가는 간단히 구분할 수는 없지만 모두 알고 있는 일반적인 원칙이 있다. 즉 과식을 피하고, 천천히 먹고, 편식하지 않고 다양한 식재료로 만든 음식을 골고루 먹어야 한다. 과일과 채소 섭취량을 늘려 생리기능성 물질인 비타민이나 무기질을 부족하지 않게 하는 것 또한 중요하다.

인간은 기본적으로 5대 영양소인 탄수화물·단백질·지방·비타민·무기질을 균형 있게 섭취하면 생명을 유지하는 데는 문제가 없을 것이다. 하지만 이들 5대 영양소의 섭취비율이 중요하다. 어느 영양소에 편중되면 체내 대사과정에서 문제를 일으키게 된다. 설탕, 전분 등 탄수화물을 과량 섭취하면 비만이 될 수 있고, 동물성 지방 섭취량이 과다하면 고혈압 등 만성 심혈관 질환이나 뇌질환 등을 일으킬 수도 있다. 편향된 영양 성분 섭취는 우리 건강을 해치게 된다.

5대 영양소는 각각의 기능이 있는데, 탄수화물은 주로 우리 체내에서 육체적·정신적 활동의 기본이 되는 에너지를 공급하는 데 중요한 역할을 한다. 특히 뇌기능을 원활하게 하기 위해서는 상당량의 포도당이 필수이다. 단백질은 우리 조직을 만드는 기본 물질로 하루에 성인기준 80g 정도를 외부에서 공급해 주어야 한다. 단백질은 생명현상 유지에 필수인 각종 효소와 면역 물질 생성 등 생리작용에 중요한 역할을 하므로 필수성분으로 구분한다. 특히 단백질의 구성성분인 아미노산 중 체내에서 합성이 불가능한 라이신 등 9종의 필수 아미노산은 섭취하는 단백질을 통하여 보충해야 한다. 특히 나이가 들수록 우유, 계란 등 양질의 단백질 섭취를 늘려야 근육질과 면역기능을 잘 유지할 수 있게 된다.

유지는 동물성과 식물성으로 구분하는데 동물성은 포화지방산(상온에서 굳는 기름)이 많이 함유되어 있어 건강에 해로운 저밀도지질단백질(LDL)을 형성하기 때문에 과량 섭취를 피해야 하는 성분이다. 식물성 기름은 주로 불포화 지방산(상온에서 굳지 않는 기름)으로 구성되어 심혈관 질환 발생을 막는다고 알려져 있다. 보통 지방은 많이 먹는 것을 꺼리는 성분이나 지방 중에는 리놀렌산 등 인체 기능 유지에 꼭 필요한 필수지방산이 포함되어 있어 음식을 통하여 일정

양을 매일 공급해주어야 한다. 이들 성분은 식물성 기름에 많이 포함되어 있다.

일반적으로 탄수화물·단백질·지방의 섭취비율은 65:15:20으로 알려져 있어 가능하면 이 비율을 지켜주는 것이 바람직하다. 최근에는 탄수화물의 일종이면서 비소화성인 식이섬유를 새로운 필수 영양성분으로 넣어 6대 영양소로 분류하기도 한다. 이 성분은 체내에서 소화되지는 않지만 장내에 분비되는 콜레스테롤 흡수를 억제하고, 장내 미생물 활동을 도와주며, 장의 연동작용을 촉진하여 변비를 개선하는 등 긍정적인 기능이 많이 알려지고 있다. 식물성의 거친 음식을 많이 먹었던 우리 전통식에서는 문제가 없었으나 정제 원료와 육류 소비가 많아지면서 식이섬유 섭취량 감소에 따라 여러 가지 부작용을 겪고 있다. 그 외 무기질이나 비타민은 미량 성분으로 인체 내 생리기능에 중요한 역할을 한다. 부족 시 여러 생리 이상 현상을 초래한다.

균형 잡힌 음식 섭취는 건강을 지키는데 가장 중요한 요소이긴 하지만 이들 물리적인 구비조건과 함께 정신적인 자세도 음식 못지않게 중요하다. 특히 식사를 하면서 나에게 이 음식을 준 모든 이에게 감사하는 마음으로 먹는 즐거움을 만끽하면서 서로 배려하는 마음을 갖는다면 건강을 지키는데 큰 도움이 될 것이다.

3. K-Food의 길

요사이 케이 팝(K-Pop), 케이 푸드(K-Food), 코리아 에이드(Korea Aid) 등 'K' 자 돌림 인기가 상한가에 이르고 있다. 이들 중 K-Pop은 머릿속에서 금방 떠오르는 게 있다. 노래와 춤, 즉 예술적인 감정을 불러일으키고 많은 언론매체가 이를 잘 홍보하여 세계인이 따라 부르고 행동하면서 이제 이 분야에서는 우리가 내세우는 내용이 국제기준화가 되는 전기를 맞고 있다. 그런데 K-Food에서는 딱 연상되는 그림이 머릿속에 잡히질 않는다. 한식이라고 뭉뚱그려서 얘기할 수는 있겠으나 한식의 범위는 너무 넓고 정의하기도 쉽지 않다. 우리가 지금 먹고 있는 모든 식품을 한식의 범주에 넣을 수 있는가? 좁은 의미로 봐서 우리 전통음식을 한식의 범주로 잡아야 하지 않을까 하는 생각을 한다. 물론 전통음식의 정의도 사람에 따라 다르지만 오랫동안 우리민족이 먹어왔던 식품으로 그 원료와 조리방법 등에서 전통성과 정통성이 있으며, 지금도 많은 소비자들이 선호하고 있는 식품이라고 범위를 좁혀 정의해 볼 수 있을 것이다.

그렇다면 K-Food는 우리 식품을 얘기하는 것이고, 역사와 뿌리가 있는 우리 전통식품을 지칭하는 것으로 해야 우리의 정통성이 확립된다. K-Food에 치즈나 포도주, 스테이크, 햄버거, 프라이드치킨 등을 포함시키는 것은 어색하다. 따라서 K-Food 축제에서 제공하는 음식은 모두가 우리 전통식품 범주에 들어가는 것들이다. 최근 많은 중국 관광객에게 제공한 삼계탕은 그 뿌리가 수백 년 전으로 거슬러 올라간다. 김치와 장류 등도 고려나 삼국시대, 혹은 심지어 기원 전으로 그 역사의 뿌리가 거슬러 올라간다. 그래서 이제 K-Food를 정확히 정의하여 우리나라 사람들부터 같은 개념을 갖도록 하고, 외국인들에게는 통일된 뜻을 전달하여 붐을 일으키며 K-Food를 국제 기준화하여 한 단계 도약 시키는 계기로 삼았으면 한다.

이런 생각으로 K-Food의 개념 정립에 도움이 되는 의견을 제시하고자 한다. 우선 K-Food는 건강 이미지를 가장 먼저 앞세워야 한다. 지금 세계인들은 건강에 가장 관심이 많고, 그 중심에 식품이 있으므로 식품을 통하여 건강을 지키고자 하는 열망을 홍보에 활용해야 할 것이다.

사실 우리 전통식품은 수 천 년 우리민족의 건강을 지켜왔으며, 그 역사의 깊이만큼 모두에게 인정을 받고 있다. 그래서 K-Food는 건강 이미지를 부각시켜야 한다. 즉 'K-Food는 건강(K-Food=Health)'이라는 등식을 이해시키고, 각인시켜야 한다. 각종 매체나 행사에서 이 개념을 공유했으면 한다. 아울러 우리 전통식품의 가장 깊은 근간에는 발효식품이 있다. 즉 장류·김치·젓갈·식초가 포함되며, 알코올성 음료로 막걸리를 들 수 있다. 이들은 이미 많은 양이 수출되어 세계인이 먹고, 즐기고 있다. 김치는 세계 건강식품으로 인정받았고, 고추장을 포함, 국제 식품규격인 코덱스에도 등재되어 세계 여러 나라 간 교역에 지침이 되고 있다.

전통식품의 주요 부분을 차지하는 발효식품은 발효 과정을 거치면서 원료가 가지고 있지 않는 특수한 향미가 만들어지고, 새롭게 생성된 여러 성분이 대부분 건강기능성을 갖고 있다. 발효식품은 이전에 없던 새롭게 창조된 식품이다. 따라서 차별화된 기술이 투입되어야 하며, 누구나 같은 제품을 만들기는 쉽지 않다는 것을 염두에 두어야 한다. 이런 특성을 바탕으로 'K-Food=Health'로 개념을 정립하고 이를 뒷받침하는 식품으로 우리 전통발효식품을 부각시켰으면 한다. 외국인들도 이런 논리적 설명에 공감할 수 있을 것이다. 앞으로 이 개념을 확대한다면 인삼·김·불고기 등도 K-Food 반열에 넣을 수 있을 것이다.

식품은 맛과 영양, 건강, 그리고 안전성이 뒷받침되어야 소비자에게 선택받을 수 있다. 한때 유행이 아니라 계속하여 인기를 유지하고, 우리 식문화를 확산·전파시키기 위해서는 확실한 개념 전달과 수용 가능한 재미있는 역사를 바탕으로 한 스토리텔링이 같이 가야할 것이다.

과학자들도 우리 전통식품의 우수성을 과학적으로 증명하여 세계에 알리고, 인문사회분야에서는 이들의 문화적 배경을 뒷받침해주면 K-Food의 열풍 유지와 우리 식문화의 세계화에 큰 역할을 담당할 수 있을 것이다.

4. 들기름의 가치와 매력

들깨에서 짜낸 기름, 즉 들기름을 식용유로 먹는 민족은 몇몇 나라에 국한되어 있다. 우리나라 사람들은 들기름을 오래 전부터 폭넓게 활용하고 있다. 들깨를 볶아 깨소금으로, 기름은 무침·튀김 등에 사용했을 뿐만 아니라 일상 생활용품으로 활용했다. 한지를 이용하여 장판지를 만들어 한옥 방을 더욱 매력 있게 꾸며 은은한 향을 간직하는가 하면 한지에 들기름을 먹인 유지는 우수한 방수용 포장지로, 또는 운치 넘치는 지우산을 만들어 비를 피하기도 하였다.

근래 들기름의 식용적인 가치가 크게 부각되고 있다. 특히 심혈관 질환이나 심장질환의 발생 억제에 관계가 있다고 알려져 있으며, 많은 연구 결과가 발표되었고, 지금도 진행되고 있다.

세계적으로 건강 기능성 식용유로 올리브유가 잘 알려졌으나 우리나라에서 생산되는 들기름도 그 기능상 이에 결코 못지않다. 일반적으로 유지는 크게 식물성과 동물성으로 나눠지는데, 이들의 특성은 구성성분인 포화지방산과 불포화지방산 함량에 따라 물성과 특성이 달라진다. 즉 동물성 지방에는 포화 지방산 함량이 높고, 식물성 기름에는 불포화 지방산이 많이 포함되어 있어 성질이 달라지는데, 전자는 상온에서 고체이나 후자는 액상으로 존재한다. 식용유는 구성성분에 따라 우리 인체에 미치는 영향은 크게 다르다.

포화지방산은 주로 육류·유제품에 많이 들어있고, 불포화 지방산은 콩·콩기름·종자 및 어류에 많이 포함되어 있다. 불포화 지방산은 체내에 흡수되어 콜레스테롤을 감소시켜 심장질환 발병 억제에 크게 관여한다.

최근 미국에서 발행된 Healthy Day에서는 186개국 소비자를 대상으로 지방 섭취형태에 따른 사망자 70만 명 중 약 10%는 양질의 지방섭취량이 부족한 것이 원인이라고 밝혔다. 아울러 심장병으로 사망한 사람의 4%는 과도한 비 건강지방(포화지방) 섭취에 그 원인이 있다고 발표하였다. 이들 결과를 볼 때 비 건강지방 섭취는 심장병 유발 원인이 되고 있다. 우리나라에서 순환기계 질환으로 사망하는 인구는 113.9/10만 명 당(통계청) 정도이며, 암 다음으로 순위가 높다. 국내에서 발표된 비 건강지방 섭취율과 사망률에 대한 비교통계는 없지만 선진국 통계에 비춰볼 때 비슷한 결과가 나지 않을까 추정된다. 따라서 우리식단에서 동물성 기름보다는 식물성 기름 섭취량을 높이기 위한 식생활 운동을 전개하고, 특히 들기름의 소비 촉진을 위한 올바른 과학적인 정보제공이 필요하다. 비빔밥에 쓰는 참기름 섭취량으로는 부족하다.

들기름은 건강에 좋다고 알려진 총 불포화지방산의 함량이 전체 유지 중 92% 내외에 달하고(소기름 40~45%), 특히 필수 지방산인 오메가3와 오메가6의 평균 함량은 20% 내외로 어느 식용기름보다도 높다. 들기름은 이와 같은 성분상 장점에도 불구하고 참기름과 비교하여 저장안정성이 떨어지는 단점이 있는데 참기름에는 천연적으로 산패를 막는 항산화물질인 세사몰이나 세사몰린이 함유되어 있어 저장안정성이 있으나 들기름에는 이와 같은 항산화 성분이 존재하지 않기 때문이다. 이런 결점은 앞으로 현대 식품과학기술로 충분히 해결할 수 있으며, 간단한 방법으로 집에서는 들기름에 참기름을 일부 섞기만 해도 저장기간을 상당히 늘릴 수 있다.

소비량이 꾸준히 늘어나고 있는 우리나라 식용유지의 자급률은 1.3%(2013)에 불과하고, 국내 생산 유지작물은 참깨가 주 작물이나 이 양도 겨우 연간 1만2000톤 정도가 생산되고 3만6000톤을 수입하고 있다. 국내 들깨 생산량은 4만3000톤으로 매년 생산량은 증가하고 있다. 앞으로 용도가 확대되고 소비량이 늘면 재배가 비교적 쉽고 척박한 토양에서도 재배할 수 있으면서 식재 및 수확 시 기계화가 가능한 들깨 생산량을 상당히 늘릴 수 있을 것이다. 들깨 생산은 이모작이 가능하므로 농민의 소득 향상과 함께 들기름 생산량을 늘려 소비자의 건강도 지키는 1석 2조 효과를 기대할 수 있다.

들기름의 국내 소비를 우선 늘리고, 이를 바탕으로 올리브와 경쟁할 수 있는 건강식용유로 세계 시장에 진출하기 위하여 들기름의 기능성에 대한 학술적 뒷받침이 필요하다.

5. 비규격 신선채소와 과실은 폐기물?

추정하건데 우리는 세계에서 가장 많이 날 채소류와 과실류를 먹는 식습관을 갖고 있을 것이다. 재배기술 발달로 계절에 관계없이 상추·쑥갓·깻잎·콩잎·생오이·풋고추·시금치까지 쌈이나 찌개·무침 등 여러 용도로 식용하고 있으며, 된장에 풋고추를 찍어 먹는 것이 보편화 되었고, 불고기·삼겹살에 상추를 곁들이는 것은 일상식이 되었다.

신선채소류나 과실류의 소비행태가 달라지면서 비규격품의 생산량도 많이 늘어나고 있는 추세이다. 예를 들어 쌈 채소의 경우 상추나 깻잎은 한 입에 들어갈 크기만을 선호하고, 이 규격보다 작거나 크면 상품성을 잃는다. 소비자의 선택 기준이 까다로워지고 우리 식생활 수준이 올라감에 따라 모든 식품의 원료가 규격화되고, 그 규격을 벗어나면 소비자의 선택을 받을 수 없는 처지가 되었다.

외식업체에서도 규격범위의 채소와 과실을 원하고 있고, 생산자는 그 규격에 맞추다보면 할 수 없이 일정량의 비 규격품이 나오게 된다. 농산물과 같이 생물을 키우는 농장에서는 우리의 요구대로 성장을 멈추거나 촉진시키는 것이 현실적으로 어렵기 때문에 그 크기나 생산량을 조절하기는 쉽지 않은 일이다. 과실도 모든 포장상품이 개수와 무게가 정해져있어 이 범주에 들지 않거나 또는 상처가 있고, 형태가 일정하지 않은 경우 정상품으로 분류되지 못하고 달리 처분해야 한다. 아직까지 이렇게 해서 폐기되는 양이 얼마인지는 확실한 통계가 없지만 채소류 및 과실 생산 농가에서는 어림짐작을 할 것이다.

앞으로 소비자의 요구수준에 맞추기 위해서는 규격화된 제품 수요가 계속 늘어날 것임을 감안할 때 덩달아 비 규격품으로 분류되는 양도 함께 늘어날 것이다. 이들 비 규격품을 활용하는 방안을 수립하여 생산농가의 소득 감소를 보전해주는 방법을 찾아야한다. 아직까지 우리나라의 과실과 채소류의 생산 단위는 기업 수준에 이를 만큼 크지 않은 경우가 대부분이므로 이들 비 규격품도 가공할 수준의 물량을 확보하기는 어려울 것이다. 따라서 어느 수준의 생산량을 갖는 농가 단위부터 간이 설비를 갖춰 이들 비 규격품이나 과량 생산품을 활용하는 방법을 찾았으면 한다. 예를 들면 소비자들이 선호하는 녹즙이나 반 건조하여 절임 하는 제품, 과일 전체를 마쇄하여 직접 음용할 수 있는 제품으로 만드는 방법도 보급할 필요가 있다.

근래 들어 소비자들은 완전 가공하여 정제된 제품보다는 거칠게 가공한 제품을 선호하는 경향이 두드러지고 있다. 이는 정제되지 않은 제품에 현대인에게 부족하기 쉬운 식이섬유, 비타민 등 미량 영양소가 많다는 것이 알려지면서 선호도가 높아지고 있으며, 이런 경향은 농가 수준의 가공 제품 생산이 가능하다는 신호이기도 하다.

또 다른 방법으로는 간이 건조기를 두어 활용되기 어려운 과채류를 반 건조 제품화하여 식품소재로 활용하는 방법도 있을 것이다. 이런 반 가공 소재는 여러 완제품을 만들 때 구성 재료로 충분히 사용할 수 있다.

이와 같은 간이 가공설비를 갖추기 위해서는 소규모로 값이 저렴하면서 쉽게 운전이 가능하고, 에너지 절감형 가공기계가 함께 개발되어야 한다. 이런 가공 설비를 채소류나 과실생산단지에 설치하여 단지 내에서 나오는 산물을 공동가공하고, 생산된 제품을 소비자와 연결시키는 방법도 구상할 수 있다. 이런 가공 설비가 정상적으로 가동되면 시기에 따라 과량 생산되어 가격이 폭락하는 잉여 과채류를 수매하거나 일시 가공도 가능할 것이다. 과잉생산품, 비규격 과실이나 채소류의 적절한 활용 방법 개발은 자원의 낭비를 막을 뿐만 아니라 폐기물로 되어 산하를 오염시키거나 처리 비용이 드는 것을 막을 수 있는 바람직한 방법이다. 농협이나 국가차원의 심도 있는 검토가 필요하다.

6. 한국인의 식생활 점수

우리나라 사람의 평균수명 연장속도는 세계 상위권에 든다. 이제 80세는 보통이고 100세 장수가 일반화 될 시대가 곧 올 것 같다.

인간의 가장 큰 욕구가 장수라는 것에서 평균수명이 늘어났다는 것은 바람직한 현상이나 생을 마칠 때 까지 어떻게 건강을 유지할 것인지는 좀 더 깊이 생각해봐야 할 때가 되었다. 중요한 것은 건강을 유지하면서 장수하는 것은 바람직하지만, 건강 없이 장수하는 것은 본인은 물론 주위 사람이나 사회에도 피해를 주는, 결코 바람직하지 않는 불행한 장수이다. 질병관리본부는 2015년 10월, 한국인 식생활 점수를 100점 만점에 59점이라고 발표하였다. 낙제점수라고 할 수 있다. 그 이유를 보면 흰쌀밥을 선호하고 흰 고기(생선, 가금류)의 섭취량이 적고, 소금섭취량이 과다하기 때문으로 평가하고 있다. 국민영양조사(2014)를 바탕으로 하였기 때문에 믿을만한 결과로 여겨진다. 또한 식품의약품안전처의 발표(2016. 6)를 보면 당류 섭취량 비중이 2007년 13%(56.9g)에서 2013년 14.7%(72.1g)로 6년간 약 11% 증가하였다고 한다. 설탕 과다 섭취에 의한 비만 등 역효과는 잘 알려져 있어 이의 개선이 필요한 시점이다.

비슷한 조사를 실시한 미국도 50%에 근접하는 인구가 건강식이라고 할 수 없는 식사를 하고 있는데, 1999년 56%에서 2012년에는

46%로 낮아졌다고 하여(2016. 6) 식생활이 조금 개선되었다고 보고하고 있다. 특히 통 곡류·견과류·과채류·어류 섭취는 부족하고, 가공육·포화지방·소금 섭취는 증가했다고 한다.

아직 우리나라에서는 같은 조사가 다시 보고된 것은 없지만 몇 가지 사항이 개선되지 않으면 식생활 점수는 크게 개선되지 않을 것이다. 우선 식단 중 가장 중요한 쌀밥 섭취방법은 개선해야 한다. 맛에 너무 치중하여 백미를 선호하는 것은 현미에 들어있는 각종 기능성분과 식이섬유를 섭취할 기회를 막아 균형영양식에 부정적인 영향을 미친다. 따라서 현미식이나 그렇지 않으면 1~2분도 도정 쌀밥을 먹도록 계몽했으면 한다. 현미식에서 가장 문제는 식미인데, 현미는 취사방법을 바꾸면 밥맛은 충분히 좋아질 수 있다. 아울러 채소류와 과실류를 많이 섭취하도록 식생활 운동을 계속해야 한다.

잘 알려진 대로 식생활 개선으로 많은 질병의 발생을 막아 우리의 건강을 지킬 수 있으며, 특히 치료가 어려운 만성병인 고혈압·당뇨병·심장병·암 등 만성병은 발병 전 예방이 가장 중요하므로 우리가 먹고 있는 식품을 잘 선택하면 발병을 억제하거나 지연시킬 수 있다.

아울러 쌀 중심의 우리식단은 개선할 필요가 있다. 특히 정책 지원으로 증산이 가능한 보리를 우리 식탁에 불러 들여야 한다. 보리에는 다양한 비타민 등 기능성 성분이 들어있고, 특히 건강기능성분으로 잘 알려진 수용성 기능성 섬유소인 베타 글루칸이 곡류 중에서 가장 많이 들어있다. 식이섬유 부족은 고혈압, 당뇨,

장암, 변비 등 발생과 관계가 있어 충분한 양은 섭취해야 하지만 실제 먹는 양은 상당히 부족한 실정이다.

보리는 식감 때문에 소비량을 늘리는데 한계가 있으나 가공 방법을 개선하면 충분히 소비를 늘릴 수 있다. 보리는 통보리를 미분쇄하여 각종 면류나 식빵 등에 첨가하여 전체적으로 식이섬유나 기능성 성분을 보충해 줄 수 있다.

건강보험에서 지출하는 만성병 관련 비중이 매년 증가하고 있으며, 특히 노령화에 따라 의료비 부담은 급격히 높아질 것으로 여겨진다. 따라서 건강보험공단에서도 국민의 식생활 개선에 관심을 두고 만성병 발생억제에 가장 바람직한 방법인 식생활 개선운동에 적극적으로 참여하고, 나아가 관련 연구가 활발히 이루어질 수 있도록 기여했으면 한다.

특히 외식으로 식사를 해결하는 비중이 높아지고 있는 만큼 외식업소들도 자기 고객의 건강을 챙겨준다는 마음가짐으로 식생활 개선에 적극 동참함으로써 국민 모두가 건강하게 장수하기를 바란다.

7. 우수 식재료와 식품·외식산업

우수한 식재료 없이 식품 및 외식산업은 성공할 수 없다. 사업의 성패는 양질의 식품용 소재를 충분히 확보하고 이 재료를 최선의 방법으로 처리, 가공한 후 소비자의 선택으로 결정된다. 따라서 관련 산업은 양질의 식재료를 충분히 경쟁력 있는 가격으로 구입하는 것에 크게 신경을 쓰지 않을 수 없다. 식품기업 종사자의 원료구매 노력은 물론이고 특히 외식업을 하는 분들이 이른 아침 시장에 나가 좋은 원료를 구매하기 위하여 온 정성을 들이고 있는 것은 이런 이유이다.

사실 가공식품이나 외식은 식품의 원재료가 최종 제품의 품질에 미치는 영향은 절대적이다. 우수한 원료만이 좋은 제품을 만들 수 있으며, 아무리 가공·조리기술이 뛰어났다고 하더라도 열등한 원료로 우수한 제품을 생산할 수 없는 것은 너무나 당연한 사실이다.

식품의 원재료는 아직까지 자연에서만 얻어지는 농수축산물이 될 수밖에 없으며 이들 원료는 생산시기와 생산지역이 한정되어있고, 또 기후환경에 따라 품위의 차이가 심하게 된다. 어찌 보면 자연환경 즉, 일컫기를 하느님의 뜻에 따라 그 시기에 생산되는 원료의 품질과 수량은 결정된다고 볼 수밖에 없다. 근래는 원료의 생산기술이 크게 발전하여 인위적으로 조절하거나 시기를 다르게 할 수 있으나 근본적으로 기후 풍토에 의한 영향을 가장 크게 받는다. 아직까지 토양과 태양 의존적인 한계는 벗어날 수가 없어 모든 산물의 품질과 생산량은 제한될 수밖에 없고 수확되는 시기도 제한되는 약점을 안고 있다. 이런 제약요인 때문에 식품산업이나 외식업체의 우수 식자재 확보는 무엇보다도 중요하다. 수출입이 자율화되고 활성화됨에 따라 세계 각국에서 필요한 식품의 원자재를 수입하여 사용하고 있으나 자국 내 생산이 뒷받침되지 않으면 안정적인 사업 수행에 큰 지장을 초래할 수 있다.

국가 기관에서는 생산자와 소비자를 직접 연결하여 유통에 따른 비용을 줄이려는 노력을 계속하고 있는데, 이를 위해서는 생산자와 소비자의 소통이 무엇보다도 우선되어야 한다. 누가 어디에서 언제 어떤 품목을 얼마나 생산하고 있는가를 알려주고, 이를 바탕으로 수요처에서는 직접 접촉하여 구매하는 방식이 되어야할 것이다. 식품산업의 경우 대량생산에 따른 대량수요가 있을 경우 지역의 농협조직을 통하여 수집된 원료를 안정적으로 공급 받을 수 있을 것이나 외식업의 경우 일시에 많은 양이 필요한 것은 아니기 때문에 한두 농가와 연중 계약을 하여 필요 품목을 필요시기에 공급받는 방법도 도입할 수 있을 것이다. 물론 이와 같은 직거래 방법을 일찍이 도입한 업소도 있지만 아직도 대량 유통체인을 통하여 구매하는 경우가 많아 직거래 방법을 확대하는 것은 여러 장점이 있다.

무엇보다도 유통마진을 최소화 할 수 있으며, 유통 경로가 길지 않기 때문에 선도가 좋은 원료를 확보할 수 있다. 이런 시스템은 전국적으로 택배조직이 잘 조직되어 있어 소량 운송도 매일 가능하기 때문이다. 가공된 식품들도 소규모 제조업체를 중심으로 이런 유통조직을 활용하여 제조공장에서 직접 소비자에게 전달하는 경우가 늘고 있어 이와 같은 방법이 식재료에도 적용 가능할 것으로 여겨진다. 농민이 생산한 원료를 필요한 제조업 혹은 외식업소에 계약에 의하여 직접 배송하는 방법은 농민은 물론 제조업, 외식업체에도 도움이 될 뿐만 아니라 국산원료를 사용한다는 이점으로 소비자의 호응을 얻을 수도 있다. 이런 제도를 정착시키기 위해서는 농협조직 뿐만 아니라 지자체, 식품가공업체, 외식업체의 적극적인 참여와 중앙정부, 지지체의 제도적 뒷받침이 되어야할 것이다.

또 하나 중요한 사항은 상호 신뢰이다. 생산자나 수요자 모두 계약에 의하여 약속한 품질의 제품을 약정한 금액으로 계약한 수량을 공급하고 수매하는 철저한 신뢰 구축이 무엇보다도 우선되어야 한다. 한 해의 가격과 여건에 따라 계약사항을 어기는 것은 10년, 20년의 사업 영속을 위해서 결코 바람직하지 않다. 아울러 일부 실행이 되고 있는데 대량 소비처에 집하장을 구축하여 생산자가 비용들이지 않고 이용할 수 있는 국가적 지원책이 확대되었으면 한다.

국산농산물의 사용 확대는 구호보다는 실질적으로 실행이 가능한 제도를 도입하고 생산자나 수요자 모두에게 이익이 되는 방법을 찾아 상생해야 한다.

8. 혼을 담은 요리

우리말은 같은 뜻을 갖고 있으면서 글자가 다른 경우와 뜻은 다르나 비슷한 글자로 표기하는 경우를 본다. 조리와 요리도 같은 뜻인 것 같으면서도 곰곰이 되뇌어 생각해보면 의미가 조금은 다른 감이 든다. 우선 한글학회가 편찬한 우리말 큰 사전에서 보면 '조리(調理)'는 "여러 가지 재료를 알맞게 맞추어 먹을 것을 만듦"이라 정의하고 있으며, '요리(料理)'는 조리와 비슷한 말이라 적고 있다. 요리에서 흥미로운 것은 "일을 솜씨 있게 휘어잡아 적당히 처리함"이란 다른 의미를 부여하고 있다. 여기서 간과해서는 아니 되는 것은 조리는 물리적인 배합이요, 요리는 사전에서 뜻한 바와 같이 의지가 베어든 결과물이라는 것이다. 영어에서는 'cooking'이란 말과 'cuisine'을 같은 뜻으로 사용하고 있다.

우리가 일생을 살면서 가장 맛있고 평생 잊지 못하는 음식은 무엇일까? 품목일 수도 있고, 또 다른 한상차림의 식단일 수도 있겠으나 어떻든 어머니가 요리하여 만들어주신 음식이 아닐까? 어느 장소건 어느 시점에 있건 어머니의 음식은 냄새와 맛으로 감별할 수 있고, 그 근본을 알 수 있다. 이런 이유는 무엇일까? 물론 태어나서 성장할 때까지 정성들여 만들어주신 그 음식에 젖어들어 적응된 결과라고 할 수도 있으나 또 다른 면은 어머니의 지극한 정성과 마음,

그리고 혼을 불어넣은 음식이요, 이 정신의 결정체가 혼합된 음식이 결국 내 정신세계에 파고든 결과가 아닌가 생각한다.

그래서 조리는 여러 음식의 재료 다듬고 잘라서 혼합하고 가열처리하는 것으로 끝이 나지만 요리는 이 모든 과정에서 내 마음과 정성, 그리고 정신의 결정체를 불어넣는 또 다른 역할을 하고 있는 것이 아닐까 생각한다. 마음이 재료에 작용함으로써 아직 밝혀지지는 않았지만 어떤 알지 못하는 변화를 음식에 일으키는 것은 아닐까?

요사이 '집밥' 이라는 말이 유행하고 있다. 그 뿌리는 집에서 만든 음식, 그 장소를 뛰어 넘어 여기에 어머니를 연결시키지 않으면 의미가 없다. 우리 집은 즉 어머니요, 어머니가 아니 계신 집은 내 집, 내 고향이 아니다. 그렇다. 어머니께서 만들어주신 음식이 집밥이요, 그 집밥에 대한 향수가 현대인의 감정에 맞아 떨어진 결과이다. 그래서 어머니가 만들지 않은 음식을 집밥이라고 하기에는 무언가가 허전하다.

앞으로 더 많은 학문적인 연구가 뒷받침되어 증명되어야 하겠으나 전통식품에 대한 끌림의 뿌리는 고향과 그 고향에 계시는 어머니에 대한 그리움, 그 그리움을 넘어 몸에서 끌어들이는 자석 같은 그 무엇이 있다고 여겨진다. 그래서 평생 잊지 못하고 끌림을 당하지 않나 생각해본다.

우리 인체에서 생명유지에 가장 필요한 영양분을 섭취하기 위한 수단인 음식은 그 자체로 흡수되어 끝나는 것이 아니라 이들 성분이 우리의 유전자에서도 영향을 미친다는 것이 밝혀지고 있다. 이런 현상을 연구하고자 후생유전학이라는 독자적인 영역으로 그 범위를 넓혀가고 있으며, 세계적으로 뜨거운 관심의 대상이 되고 있다. 즉 내가 먹어왔던 음식이 내 몸을 구성함은 물론이요, 나를 관리하는 기본 지도인 유전자까지 영향을 미치면서 모든 형질을 후손에게 전달시켜준다는 것이다. 그래서 유전자에 각인된 정보가 내 의지를 결정하고 선·불호를 결정하나 보다.

유전자의 변화는 몇 십~몇 백 년의 시간으로 일어나지는 않는다. 수만~수십 만 년 동안에 환경에 적응하여 생존하기 위하여 서서히 일어나며, 한 번 적응된 것도 쉽게 변하지 않는다. 그래서 근세에 갑자기 밀려들어온 서양음식들은 우리 몸이 유사 이래 한 번도 접해보지 못한 성분과 구성이므로 상당한 거부반응을 보이며, 이 결과로 여러 질병의 원인이 되고 있지 않나 생각해 보기도 한다.

이제 좋은 재료를 사용하여 어머니의 정성과 마음으로 조리가 아닌 요리를 해서 소비자 모두의 건강을 지켜주는 자세를 갖출 때이다. 이를 위하여 가정은 물론이요 외식업계나 식품제조업체 종사자의 마음가짐을 재정비해야 한다.

9. 콩 예찬

콩은 우리 5대 곡물의 하나이며, 한국인의 오랜 역사와 함께 우리 식생활에 깊숙이 뿌리내린 중요한 식량 자원이다. 근래 우리 식습관이 서구화되면서 쌀의 주 용도인 밥의 소비가 줄면서 덩달아 장류 등 콩의 소비도 줄어들고 있다. 현재 콩의 주요 용도는 장류, 콩기름, 두부, 음료, 일부 과자류 등 식품 용도로 이용하는 것 외에 수입 콩은 상당 부분이 착유 후 사료용으로 사용되고 있다. 잘 알려진 대로 콩은 단백질 함량이 40% 내외, 우수한 식물성 기름이 20% 내외 함유된 어느 곡물과도 비교되지 않을 정도로 우수한 단백질원이며, 유지자원이다.

아마도 우리만큼 콩을 다양하게 식용으로 이용하는 경우는 세계 어느 곳에도 없을 것이다. 밥과 함께 직접 먹는 것은 물론이고, 기원 전부터 발효하여 간장, 된장, 고추장, 청국장을 만들어 한식의 바탕을 이룬 중요한 조미원과 부식으로 활용해 왔다. 싹을 틔운 콩나물로 겨울 동안 꼭 필요한 채소류를 공급하는 슬기를 보였고 콩 국물 형태로 액상을 만들어 콩국수라는 별미식을 개발하였다. 또한 다양한 형태의 강정으로 재조합하여 많지 않았던 별미식 형태의 간식을 즐겼다.

특히 두부는 우리 조상들이 만든 가장 우수한 농축 단백질 식품이면서 한국인 누구에게도 환영받는 다용도 식품 소재이다.

서양의 과학 기술이 도입되면서 콩에서 용매로 식물성 기름을 분리하는 방법을 도입하여 이제는 우리 식탁이나 가공 공장에서 사용하는 식용 기름의 대부분을 점령하고 있다. 아울러 콩을 바탕으로 한 두유는 우유에 알레르기가 있는 소비자에게 양질의 단백질을 공급하는 음료로 정착하였고, 건강 음료로 소비층을 넓혀가고 있다.

콩의 또 다른 장점은 다양한 기능성을 갖고 있는 특수 성분들이다. 단백질 그 자체는 미국 FDA가 인정한 심혈관 질환 발생 억제에 효과가 있으며, 특히 우리와 같은 쌀밥 식단에 부족하기 쉬운 필수아미노산인 라이신을 공급하여 쌀밥만으로도 균형영양을 갖추는 데 큰 역할을 한다. 미량 성분인 플라보노이드 계열에 들어가는 제니스틴 등 특수 기능성 물질은 폐경기증후군 완화, 전립선암 억제와 함께 칼슘과 이소플라본의 합작으로 골다공증 예방 기능이 있다. 콩에 들어 있는 올리고당류는 분해하지 않고 대장까지 도달하여 변비 예방과 장내 건강에 좋은 영향을 주는 비피더스균의 증식을 촉진하기도 한다. 이와 같이 콩은 하나도 버릴 것이 없는 종합 영양 보고이며, 특수 물질까지 함유해 우리 건강을 지켜주고 있는 식재료이다.

그러나 이 많은 장점에도 불구하고 몇 가지 단점이 있다. 가열 처리하면 활성이 없어지기는 하지만, 장내 단백질 분해 효소를 억제하여 설사를 유발하고, 독특한 콩 비린내로 기호성이 떨어져 가공식품을 만드는 데 제한이 있으며 기호성이 우수하지 않다. 이런 단점을 극복하기 위한 많은 연구 결과가 있고, 앞으로 더 연구 분야를 넓혀 용도를 확대해야 한다. 관련 연구를 활성화하여 여러 용도의 새로운 식품의 주 소재 혹은 부재료로 이용할 가능성은 충분히 있다. 육류 대체제로 일부 활용하고 있지만 조직 단백을 더 다양하게 개발하고 식미를 개선하여 세계적으로 붐을 일으키고 있는 육식을 기피하는 소비자 층을 끌어들이는 계기를 만들 필요가 있다.

앞으로 장류가 아닌, 새로운 발효 기법을 도입하여 전체 콩을 그대로 이용하는 방법을 연구하면 여러 가지 특색 있는 가공제품이 나올 수 있다. 콩 관련 신제품의 개발에는 특히 발효 미생물과 식미 개선을 위한 보조제의 연구가 병행되어야 할 것이다. 천연 향이나 HVP, HAP 등을 적절히 활용하면 충분한 가능성이 있다.

콩의 용도 확대 못지않게 원료 콩의 확보는 국가적인 과제이다. 국내 생산을 촉진하되 부족분을 인근 국가(예, 연해주 등)에서 생산, 도입하는 방법도 검토되어야 한다. 미국 등에서 수입하는 경우 장거리 수송에 따른 부담과 변질의 문제가 대두될 수 있기 때문이다.

콩은 우리 한국인의 건강을 지켜 줄 중요한 곡류 자원이다. 계속 우리 곁에 있으면서 우리 건강 지킴이와 수출 효자 상품이 될 수 있도록 국가 기관, 학자 및 기업체의 참여 그리고 소비자의 관심 등 모두의 노력이 필요한 시점이다.

10. 편의식과 균형 영양

건강을 생각하는 많은 소비자는 근래 식품을 선택할 때 자연에서 나는 원재료 특성을 그대로 살려서 먹는 자연식을 선호하는 경향이 점점 강해지고 있다. 이런 취향에 맞춰 식품제조업체에서는 최소가공제품(minimally processed food) 생산에 많은 노력을 하고 있으나 소비자의 욕구는 천연 상태의 식품을 선호하되 최소 처리하여 간편하게 먹을 수 있는 제품을 원하는 이중적인 면을 보이고 있다. 천연식품이면서 섭취하기 편한 식품, 즉 자연에 있는 모든 좋은 성분은 거의 변화시키지 않고 먹기 편하게 된 제품을 선택하겠다는 생각이다. 이와 같은 욕구를 만족시키기 위해서는 원 식품의 재료 중 함유된 성분을 최대한 보존하면서 여러 기법을 동원하여 편의성을 부여하는 슬기를 발휘해야 할 것이다.

편의성을 부여하기 위해서는 여러 가지 가공기술이 활용될 수 있는데, 그 대표적인 예가 동결건조식품이 될 것이다. 초 저온으로 빠르게 냉동한 후 진공 상태에서 급속히 수분을 제거하는 방법이다. 저온 처리하기 때문에 열처리 할 때 일어날 수 있는 영양소의 파괴와 맛의 변화를 최대한 막을 수 있고 제거된 물을 다시 넣어 복원시켰을 때 조직이 원상으로 되돌아오는 장점이 있다. 많은 식품재료에 동결건조기법을 적용하여 중간 소재를 만들고, 이들을 조합하여 완제품을 만들기도 한다.

예를 들면 각종 스프의 건더기, 즉 대부분 채소류나 육류 등을 동결건조 후 최종 제품에 넣으면 취식할 때 원래모습이 복원되어 소비자의 요구에 부응할 수 있다. 그러나 동결 시 조직 파괴로 물성이 변하여 고유한 특성이 없어지거나 재조합한 식품의 경우 이 방법을 적용하기 어렵다.

지금은 여러 최소가공 방법으로 적용할 수 있는 대상이 제한되어 있기는 하지만 오랫동안 연구해 온 결과를 바탕으로 적용의 폭을 넓히면서 그 품목을 추가할 수 있는 가능성은 있다고 본다. 세계적으로 식품 가공용 소재로 가장 많이 사용하고 있는 원료는 곡류인데, 이들은 원 형태대로 기호성 제품화 하기는 어렵기 때문에 벼는 도정하여 쌀로, 밀은 제분하여 밀가루로 중간소재로 만들어 먹기 좋게 처리한 후 다양한 가공 제품의 원료로 사용한다. 이 과정에서 우리 인체에 유용한 성분이 제거되어 편향되고 농축된 성분만이 남는다. 최근 소비자들은 이와 같이 고도로 정제된 원료를 이용한 제품을 꺼리는 경향이 강하게 나타나고 있다. 즉 불균형 영양이 되기 쉽기 때문이다.

이제 편의성과 균형영양조합을 원하는 소비자의 요구도 충족시키면서 적절한 기술 적용으로 소비자의 욕구를 충족시킬 수 있는 제품을 연구개발 할 때이다. 정크 푸드의 예로 항상 거론되는 햄버거나 피자 등도 근래 크게 바뀌고 있다. 이들 제품을 가장 꺼리는 점은 간편하고 맛은 있으나 균형영양, 즉 영양소가 편중된 것이 문제가 되고 있다. 이를 해결하기 위하여 부족하기 쉬운 성분은 채소류와 과실류로 보완하고 있다.

곡류, 육류, 어류 등 거의 대부분의 가공용 원료는 이들이 갖고 있는 특성상 그 상태대로 바로 섭취하는 것은 기호성, 안전성, 편의성 면에서 소비자의 선택을 받기는 어렵기 때문에 결국은 어느 형태로든 변화를 줄 수밖에 없다. 그러나 이 변화를 최소화하고 원부재료가 함유하고 있는 성분을 최대한 보존, 유지하면서 맛을 해치지 않고 편의성을 부여하고자 하는 것이다. 이와 같은 요구를 만족시키기 위해서는 천연소재 활용을 최대화하고 원료별로 함유된 성분을 고려하며 조합하는 방법을 도입해야 할 것이다.

가장 인기 있는 편의식품인 라면의 경우 정제된 밀가루를 사용하기 때문에 제6의 영양소로 알려진 식이섬유를 보완해야 하고, 가장 중요한 단백질을 한 끼 필요한 양만큼 보강하여 완전식이 되는 방법을 검토해야 한다. 대부분의 스낵류, 육류, 어류 제품도 균형 영양이라는 큰 틀에서 부족한 영양소를 보강하면서 편의성과 기호성을 갖추는 노력이 필요하다.

11. 2050년 우리 식생활 상상

인간이 이 지구상에 출현한 3만5000년 전 이래 동물로서 먹는 것은 필수였으며, 인류의 역사는 생존을 위해서 먹이를 충분히 확보하기 위한 투쟁의 과정이 아닌가 한다. 처음에는 수렵을 통하여 자연에서 그대로 얻을 수 있는 자원을 이용하였으나, 이후 지혜의 발달로 농작물을 재배하고 동물을 사육하는 단계로 진화하였다. 이에 따라 먹는 형태는 크게 달라져 왔으며, 지금도 변화를 거듭하고 있다. 특히 불을 음식 조리에 사용하면서 식품의 역사는 획기적으로 달라져 왔다. 앞으로 올 2050년에는 농수축산물을 원료 형태로 섭취하는 경우는 과채류를 제외하고 거의 없어질 것이며, 어떤 형태로든 가공하여 편의성과 기호성을 높여 일반인에게 공급될 것이다. 그러면서 실로 가늠하기 어려울 정도의 가공 식품이 생산·판매될 것이며, 그 형태는 매일매일 변화를 계속할 것이다. 이 변화가 계속되어 2050년쯤에는 어찌될 것인가를 한 번 상상해보자.

우선 식재료의 변화를 보면 채소류는 더 이상 토양에서 생산되지 않고 건물 내 수경재배가 일반화될 것이며, 가정에서도 중앙 공급식으로 제공되는 영양액과 조명 시설을 갖춘 간단한 시설에서 자기 가족에게 필요한 채소류 재배가 가능할 것이다. 조명은 각 식물에 맞는 파장과 에너지를 조절하고 태양광에서 얻는 에너지를 싼값에 활용하여 광원을 선택하는 것이 가능할 것이다. 육류도 이제 소, 돼지, 닭을 축사에서 사육하여 얻기보다는 조직 배양을 통하여 필요한 육류와 맛을 조절한 품질의 배양육이 일반화될 것이다. 특히 개개인에 맞는 또는 필요한 성분을 함유한 육류 공급이 가능할 것이다. 조직 배양액은 필요한 형태의 조직과 영양을 얻기 위한 조성의 관리가 가능할 것이며, 특수 성분이 함유되고 그 양을 관리할 수 있을 것이다.

사람 개개인은 이미 정립된 게놈 프로젝트에 따라 유전자 해독이 완전히 이루어져 각자의 조건에 맞는 음식의 성분과 섭취량 등이 자동으로 계산되어 필요한 형태로 한 상이 차려질 수 있고, 먹고 남는 양을 자동으로 계산하여 다음 먹을 것을 제안해 줄 것이다.

해양은 중금속과 핵폐기물 때문에 오염이 심하여 자연산 해산물은 섭취가 불가능할 것이며, 특수 장치를 통해 정제 해양수를 공급, 양식한 어류만이 식용으로 공급될 것이다. 모든 폐기물은 최첨단 기술을 도입하여 전량 재사용될 것이다.

각자의 조건에 맞게 계산된 칼로리와 필요 영양 성분을 공급함으로써 비만 문제 해결과 질병도 식이요법으로 대부분 예방하게 되어 인간의 평균 수명은 120세에 이르고, 100세까지 건강한 삶을 영위할 수 있을 것이다. 또한 맛의 비밀을 밝혀 기호를 조절할 수 있으며, 선호하는 음식의 양도 관리가 가능하게 될 것이다. 육체 노동량이 급격히 줄어 건강한 노후를 위한 운동 기구, 여행, 취미 활동 등이 큰 산업으로 확대되고, 주거 환경도 모든 것이 자동화된 큰 변화를 가져온다. 특히 조리하는 주방이 축소되고, 신선 채소나 과일 외에는 모두가 조리된 형태로 가정으로 공급될 것이다. 지구 전체의 물 부족 현상은 어느 단계까지 심각해지나 해수의 담수화가 값싸게 이루어져 심각한 먹는 물 문제는 해결될 것이다.

곡류는 여전히 농장에서 재배·생산될 것이나 모두가 로봇에 의해서 관리되고, 수확 후 처리·저장·가공까지 연속 작업으로 이루어진다. 국가 간 부족한 식량 자원은 초고속 운송시스템으로 필요 국가에 전달될 것이며, 이들이 모두 자동화될 것이다.

육종 기술이 계속 발전하여 단위 면적 당 생산량이 크게 증가하여 늘어나는 인구에 충분한 양을 공급하게 될 것이다. 국가별로 산아 관리를 하여 지구에 생존하는 인구가 적정 수준을 유지할 것이며, 여전히 저개발 국가와 개발국은 존재하겠으나 먹는 것에 관한한 상당히 평준화를 이룰 것이다. 건물 내에 각종 작물 생산 시스템을 구축해 지구의 모든 환경에서 식품 원료를 생산할 수 있어 기아의 해결에 상당한 기여를 할 것이다. 발전은 예측이 아니라 꿈을 꾸는 데서 시작된다.

12. 견과류의 비밀

견과류는 껍질이 단단한 과일을 일컫는 일반명이다. 그래서 호두·잣·밤·개금 등은 우리 주위에서 쉽게 볼 수 있는 것들이고, 외국에서 주로 생산되어 인기가 있는 것으로는 피칸·피스타치오 등이 있다. 땅에서 나는 땅콩도 껍질이 단단하여, 나무는 아니나 견과류로 분류할 수 있다.

견과류의 가장 특징적인 것은 밤을 제외하고, 종실 중에 유지 함량이 높다는 것이다. 적게는 30%부터 시작하여 60%가 넘는 것도 있다. 그 외 성분으로는 단백질 함량이 상당히 높아 20~30%에 이른다. 견과류는 불포화 지방산·비타민·무기질 등 함량이 높아 심장병, 2형 당뇨의 발병 억제 및 콜레스테롤 감소 등 건강 기능성이 알려지고 있다. 특히 유지 성분의 특성을 보면 생리적 기능이 있는 불포화지방산 함량이 예외적으로 높고, 미량 성분도 고루 들어 있으며, 대표적인 항산화 효과가 있는 지용성 비타민인 토코페롤(비타민 E)은 타 식물들보다 높아 건강식으로 알려져 있다. 따라서 견과류는 영양소의 보고라 할 수 있다.

우리나라 오랜 풍습으로 정월 보름에 부럼이라 하여 호두나 땅콩 등 견과류를 먹도록 한 것은 긴 겨울 동안 부족했던 기능성 지방, 비타민 등을 공급하기 위한 우리 조상의 슬기가 엿보이는 대목이다.

최근 미국의 다나카버 암연구소 후츠 박사에 의하면 미국인 11만9000명을 30년간 추적 조사한 결과, 견과류를 하루에 25g 내외 먹는 사람은 먹지 않는 사람에 비하여 여러 질병에 의한 사망률이 20%나 낮다는 것을 발표했다. 이 결과는 관찰을 통하여 얻은 결론으로 과학적으로 원인 분석이 되었다고 할 수는 없지만, 우리가 먹는 음식의 종류가 질병 발생 정도뿐만 아니라 사망률과도 깊은 관계가 있다는 것을 보여 주고 있는 한 예라고 할 수 있다.

우리나라에도 호두, 잣 등 나무에서 나는 견과류뿐만 아니라 상당량의 땅콩이 생산되고 있다. 특히 예부터 먹어 왔던 개금은 우리 야산에 자생하면서 독특한 향과 맛이 있어 다시 한 번 그 가치를 점검해 봐야 할 것이다. 개금은 터키가 주산지로 세계 생산량의 80%를 차지하는데, 우리나라에서도 야산에서 자생하기 때문에 생산량을 증가시킬 수 있는 가능성은 충분히 있다.

견과류의 건강 기능성은 주로 함유된 유지의 구성 성분으로 알려져 있으나 단백질 또한 좋은 영양원으로 필수 아미노산이 풍부하게 들어 있어 또 다른 이점을 갖고 있다. 견과류는 세계 여러 곳에서 생산되어 비교적 싼 값에 수입되고 있어 국산 견과류와 경쟁이 어렵기는 하지만 우리 견과류의 특성과 영양상 비교 우위를 증명할 수 있으면 국산을 선호하는 소비자의 눈길을 끌 수 있을 것이다.

일반적으로 자기가 태어난 풍토에서 생산된 먹을거리가 가장 좋다는 것이 경험상 잘 알려져 있으므로 견과류도 과학적인 연구를 통하여 우리 것의 우수성을 밝히는 연구가 필요하며, 이를 보급하기 위한 관련 기관이나 단체들의 노력이 절실하다.

이와 같은 견과류의 장점을 살려 식품 가공업체나 외식업 종사자들은 다양한 견과류 이용 가공 제품과 음식을 개발하여 견과류의 소비를 촉진함으로서 국민 건강 증진에 기여 할 수 있을 것이다.

지금 생산되는 견과류뿐만 아니라 소비 확대가 가능하고 생산성이 높은 새로운 자원, 즉 잣과 개금 같은 견과류의 생산량 증대 보급도 깊이 고려하는 계기가 되었으면 한다. 이는 건강 증진의 개념과 함께 임산 자원의 이용 확대를 통한 농민 소득 증대에도 도움을 줄 수 있을 것이다. 각 가정에서 매일 먹는 식단에도 몇 종류의 견과류를 곁들여 우리 건강을 지키는 슬기를 발휘하자.

특히 자라나는 청소년에게 견과류를 친숙하게 만들어 2세의 건강을 지켜 주고 외식업체에서도 후식으로 견과류를 제공하여 고객의 건강을 챙기는 배려가 필요하다.

13. 고령 친화형 식품 개발

전 세계 인구 중 60세 이상이 2000년 11%였으나 2050년 22%로 늘어 6억500만 명에서 20억 명으로 증가할 것으로 UN이 예측하고 있다. 우리나라도 2005년에서 2010까지의 통계를 보면 65세 이상 인구 증가율은 22.7%로 436.7만 명에서 535.7만 명으로 증가하여 노령화 비율이 국내·외적으로 가파르게 올라가고 있다.

식품 분야에서는 고령화되는 우리 사회에 어떻게 대처해야 할 것인가? 지금까지 활성화되어 있지 않은 고령화 사회 대비 식품 개발이 활성화되어야 하고, 연구자나 기업에서도 각별한 관심을 두어야 한다. 한 연구 기관은 고령화 사회가 되면서 이 분야 시장 규모가 125조 원으로 추정되어 고령 친화 사업을 활성화해야 한다고 주장했다. 전망 있는 분야는 보건, 요양, 식품, 의약품, 화장품, 의료기기이며, 특히 식품은 2010년 대비 2020년에 시장 규모가 3.4배 증가, 16.6조 원에 이를 것으로 예상하고 있다.

향후 고령화 사회에서 관심을 두어야 할 식품 분야는 인간이 노화되면서 문제가 되는 소화기계, 심장, 뼈 건강, 그리고 기억력 감퇴를 포함한 정신 질환을 예방하거나 지연시키는 데 기여할 수 있는 건강기능성식품의 개발과 상품화 쪽에 관심을 두어야 할 것이다. 지금까지 세계적으로 까다로운 법과 규정을 통과하여 기능성 인정받은 식품의 종류는 5770종에 이르며, 이 중 장 건강과 심장 건강에 관계되는 것이 5200여 종에 이른다. 이들 기능성 식품들의 특징은 확실한 과학적 근거를 바탕으로 한 각각 해당되는 효능을 입증했다는 것이다.

고령화친화 식품을 개발할 때 염두에 두어야 할 사항은 노령화로 신체의 기능이 약화되면서 맛과 향을 감지하는 기능도 떨어지므로 이를 감안한 제품 개발이 되어야 할 것이며, 소화 등 약화된 기능에 맞게 개발 방향을 잡아야 할 것이다. 즉 소화가 쉽게 되어야 하며, 씹거나 넘기는데 문제가 없도록 하고, 노령 세대가 좋아하는 향의 발굴도 함께 검토되어야 한다. 또한 제품의 포장에도 세심한 고려가 필요하다. 노인식의 경우 개봉이 어려운 금속제 용기는 피하고, 간편하게 개봉할 수 있는 재질이나 디자인이 연구되어야 한다.

지금까지 건강기능식품의 구성 성분으로 가장 많이 사용한 소재는 비타민류・칼슘・프로바이오틱・식이섬유 등이었으나, 앞으로는 천연식품에서 그 해답을 찾아야 할 것이다. 특히 미국 등 선진국에서 인기를 끌고 있는 통 곡물을 이용한 가공제품, 다양한 스테롤이나 색소를 함유한 천연물과 인삼, 해조류 등은 우리가 좀 더 쉽게 접근할 수 있는 대상이다.

고령화 식품은 국내 시장만을 대상으로 하기에는 한계가 있다. 급격히 부상하는 중국 인구 중 60세 이상이 2020년에는 2억5000만 명이 될 것이며, 세계 최대 수요처인 일본이나 미국의 경우 품목과 효능에 따라 큰 시장 형성이 가능할 것이다. 새로운 식품 개발은 앞선 과학 기술을 활용하여 소비자의 당면한 욕구나 수요, 그리고 미래 수요를 예상하여 대비하는 지혜를 발휘해야 한다.

14. 곤충이 미래 식량원이 되면

미래 식량원으로 곤충류가 거론되고 있다. 곤충, 기호성은 어떨까? 이 지구상에는 140만 종의 생물이 살고 있고, 이 중 100만 종이 곤충이라는 통계가 있다. 곤충이 생물계에 주종을 이루고 있다는 얘기다. 이 곤충 중 1900종이 식용이라니 관심을 아니 가질 수 없다. 우리 민족은 오래 전부터 명주실을 뽑고 남은 누에 번데기를 먹어왔고, 약용이지만 굼벵이도 식용으로 하였다. 우리가 이용했던 모두는 곤충의 애벌레이거나 번데기, 성충의 형태이다. 또 아주 일반적으로 많이 먹는 곤충의 대표 주자가 아마도 곤충으로 성충인 메뚜기가 아닌가 한다. 나이든 성인들이 즐겨 먹었던 곤충식품이다.

근래 연구 결과에 의하면 곤충의 유충이나 성충, 번데기에는 양질의 단백질이 많이 포함되어 있고, 오메가3 등 불포화지방산의 함량이 높아 기능성을 갖기도 하여 식용으로 전혀 손색이 없다는 것이 알려지고 있다. 특히 식이섬유의 함량이 높아 건강기능식품의 소재로도 각광을 받을 수 있다는 것이다. 눈여겨볼 것은 거의 모든 곤충이 인간은 소화시키지 못하는 식물자원을 이용하여 유용한 단백질, 지방질, 비타민 등을 축적한다는 것이다. 초식동물인 소나 양보다도 사료 효율이 높다는 것도 또 다른 장점이다.

곤충은 일반적으로 농사에서는 작물의 잎을 먹어 치우는 해충으로 분류되고 있으며, 파리나 모기 등은 질병을 옮기거나 전파시키는 주범이다. 바퀴벌레나 각다귀 등은 식품 공장에서 아주 싫어하는 기피 동물들이다. 그런데 이들이 일부는 식용으로 사용할 수 있는 가능성이 높다니 앞으로 충분한 연구의 대상은 된다.

남미·아프리카·아시아 등 여러 나라에서는 곤충을 튀겨서 간식거리로 이용하고, 별미식으로 즐기기도 한다. 일부 나라에서는 바퀴벌레까지도 튀김의 소재로 활용하고 있다니 인간이 먹을 소재는 한계가 없다는 것을 새삼 느낀다.

현재 70억 명이 살고 있는 이 지구에서 식량을 생산할 수 있는 농지와 특히 물의 부족은 심각해지고 있는데, 이를 대비하여 새로운 식량원을 발굴하고 이용하는 연구가 되어야 한다. 곤충은 모든 식물 자원을 이용할 수 있는 것뿐만 아니라 소량의 물만을 필요로 하여 향후 다가올 지구의 물 부족 사태에 대비할 수도 있을 것이다.

곤충류의 이용 방법은 그 자체를 통째로 사용할 수도 있으나 분말화, 추출 방법을 동원하여 얻은 추출물을 다른 식품에 첨가하여 부족한 성분을 보강하거나 특별한 맛이나 향을 발현시킬 수도 있을 것이다. 연지 벌레라는 곤충에서 추출한 코치닐 색소는 식품첨가물로 허용되어 있기도 하다. 곤충을 잘 활용하여 지구의 식량 사정을 개선하고 새로운 식품을 개발할 수 있는 여지가 있다.

15. 보리에 대한 새로운 생각

보리는 쌀이 귀한 시절, 1950~1970년까지만 해도 우리의 주린 배를 채워 주었던 쌀 다음으로 주요한 식량 자원이 있고, 보리밥이라도 배불리 먹었으면 좋겠다는 염원이 있었던 시절도 있었다. 그 후 품종 개량과 경작 기술 발달로 쌀이 풍족해지고 고기 등 다른 먹을거리가 많아지면서 보리는 그저 가난의 상징으로 밀려 주곡의 반열에서 밀려나는 신세가 되었다. 그래서 1970년까지는 100만 톤 이상을 생산했으나 최근에는 8~9만 톤밖에 생산되지 않아 겨우 별미로 먹는 사람들에게 공급하는 수준이 되었다.

이 시점에서 보리에 대한 우리의 생각을 바꿀 때가 되었다. 보리 증산은 겨울 동안 비어 있는 논밭에 심어서 농지 활용도를 최대한 높일 수 있는 수단이고 우리나라 식량 자급률이 23.7%에 머무는 심각한 상황에서 식량원을 더 확보할 수 있는 가장 합리적이고 손쉬운 대안이다. 또한, 농약이 필요 없어 무공해 곡물이면서 경작비가 가장 낮은 보리 재배를 통하여 농민은 별도 소득을 올릴 수 있는 기회가 주어질 수 있다.

그럼 왜 보리 재배를 기피하고 있는 것일까? 알려진 대로 소비처가 없어 생산된 보리를 처분할 수 없기 때문에 정부는 2012년부터 보리 수배를 중단하였고, 그 이후도 마땅한 소비처를 찾지 못하는 상태에서 보리의 증산만을 밀어붙일 수는 없을 것이기 때문이다.

소비처가 없다는 것은 보리의 식미가 떨어져 고급화된 우리 입맛에 맞지 않고 그 외 다른 마땅한 활용처를 찾지 못하고 있기 때문이다. 또한, 보리의 경쟁 곡물로 싼값에 수입되는 밀과 가격 경쟁력을 갖추지 못한 것이 또 다른 큰 이유가 될 것이다.

보리의 경쟁력을 높이기 위해서는 몇 가지 측면에서 종합적인 검토가 필요하다. 첫째, 보리의 건강 기능성의 부각이다. 보리에는 타 곡물보다 베타글루칸과 같은 식이섬유 함량이 높은데, 이 성분은 근래 탄수화물 등 5대 영양소에서 하나가 더하여 6대 영양소의 하나가 되어 가고 있으며, 당뇨, 대장암, 심장병 등 성인병 예방에 효과를 보이고 변비 개선에도 도움이 된다는 것이 학계의 의견이다. 실제 당뇨 환자에게 보리밥을 권하는 것은 아주 일상화되어 있다. 또한, 비타민 B_1, B_2 등이 비교적 많이 들어 있어 미량 영양소 공급원이 되기도 한다. 둘째, 보리에 대한 종합 활용 계획을 구상해야 한다. 그 하나로 보리 잎의 활용이 될 것이다. 전통적으로 우리는 보리 잎을 식용해 왔으며, 다양하게 우리 식탁에서 식재료로 이용되고 왔다. 보리 잎 죽이 가장 대표적이며 새로운 용도의 채소원으로도 이용 가능성이 높고, 일본 등에서는 기능성 식품으로 그 가치를 높이 평가하고 있다. 셋째, 보리 수확 후 거추장스러운 보릿대의 활용 방법도 찾아야 할 것이다. 우수한 천연 섬유 자원으로 밭에서 그냥 소각해 버리기에는 너무나 아까운 생물자원이다. 다음으로 봄 들판에 펼쳐진 녹색의 광야는 인간의 정서 순화, 관광자원으로 제격이다. 나아가 가장 역점을 두어야 할 분야는 보리 알곡의 소비 확대다. 가장 합리적이고 경제적인 방법은 분말화 하여 용도를 넓혀야 한다.

보리는 도정하기보다는 세계적으로 관심의 초점이 되고 있는 통곡물의 형태로 전체를 사용해야 기능성 소재로서 가치가 높아진다. 밀가루보다도 더 곱게 빻아 놓으면 국수, 라면 등 면류에 일정량을 충분히 혼합하여 별미식, 건강식으로 보급이 가능하며 빵류, 과자류, 시리얼 등에는 이미 많이 보급이 되어 있다. 현대 가공 기술의 발달로 식감이나 조직 등은 충분히 개선이 가능하다.

끝으로 가격 경쟁력을 검토해야 한다. 최근 농협에서 보리 수매가는 35000원/40kg 내외이며, 이 보리로 제분하는 경우 비용을 포함하여 가루는 1000원/kg까지 낮출 수 있지 않을까 여겨진다. 보리를 집단 재배, 기계 수확 등 통하여 수매가는 30000원/40kg 이하로 낮출 수 있는 가능성은 있으며, 앞에서 제시한 복합 처리 방법을 도입하면 보리 재배가 경제성을 갖출 수도 있을 것이다.

정부는 식량 주권 확보라는 큰 그림을 그려, 보리 증산을 위한 종합 지원책을 수립하고 건강 지킴이로서 역할을 할 수 있게 새로운 용도를 다양하게 개발하여 소비량을 늘려야 할 것이다. 방법은 얼마든지 있는 것이다.

16. 비빔밥의 교훈

조선조 제21대 왕인 영조의 탕평책은 상징적 산물인 탕평채를 만들어 사분오열된 신료들에게 귀감으로 삼게 했는데, 탕평채에는 최고 통치자인 임금의 고뇌와 지금의 비빔밥과 비슷한 오묘한 뜻이 담겨 있다.

비빔밥은 전주와 진주 지방의 명품을 넘어, 김치 등 전통 발효식품과 함께 세계인이 즐기는 식품이 되어가고 있다. 비빔밥의 구성을 보면 좋은 쌀로 잘 뜸들인 밥이 바탕이 되면서 여기에 고추장, 참기름, 참깨, 각종 향신료, 그리고 계란, 쇠고기와 함께 건강에 좋다고 알려진 여러 채소류, 예를 들면 콩나물, 상추, 표고버섯 등을 함께 넣어 비빈다. 부재료가 적게는 10개, 많게는 30여 종에 이른다.

이들 주재료와 부재료는 색깔, 모양, 맛 등 각각 지니고 있는 특성이 다르지만, 비비는 과정에서 적절히 섞이면서 내 것을 주고, 다른 재료의 특성을 받아들이면서 조화를 이루고 융합된 맛을 내게 된다. 더욱이 동양사상이 곁들인 오방색을 배치하고 있다.

요즘 우리 정국과 사회에 꼭 필요한 덕목이다. 비빔밥에 들어가는 하나하나 부재료가 자기 맛만을 고집하여 띄우려 한다면 어떻게 되겠는가? 조화는 깨지고 전체 맛을 망치게 되어 그 비빔밥은 소비자에게 외면을 받게 될 것이다. 우리 사회는 지금 비빔밥 재료가 융합되듯 개개인의 특성을 살리되 그 차이점들이 서로 조화를 이루고 합의된 목적을 향하여 하나 된 새로운 작품을 만들어 가는 과정이 절실히 필요하다. 우리나라는 5천만의 각기 다른 재료가 들어있는 비빔밥과 같은 형상이다. 개성이 각기 다른 개개인이 있되 국가라는 큰 틀에 들어 있고 그 큰 틀이 옳고 바른 방향으로, 그리고 오늘보다 더 나은 내일을 향한 걸음걸이가 될 수 있도록 제 몫을 하면서 조화를 이루어야 한다.

정치인은 정치인대로 공직자는 공직의 직분을, 사업가는 본래의 기능을 올바르게 이해하고 맡은 사명을 다하여 서로 조화를 이루어 훌륭한 작품을 만들어야 한다. 목적하는 우수하고 맛있는 비빔밥을 만들기 위해 자신이 하나의 부재료임을 마음속 깊이 새겼으면 한다. 한 구성 재료로서 내 몫을 제대로 하면서 조화를 이루도록 노력한다면 맛있고 보기 좋은 훌륭한 작품이 나올 것이고, 그 작품을 자랑스럽게 후손에게 물려줄 수 있을 것이다. 더 나은 나라를 만들기 위하여 비빔밥의 철학과 정수를 배워 혼란스러운 이 사회를 조화시켜 나가야 할 때이다.

17. 사상 의학과 맞춤형 건강관리

최근 들어 인간의 유전자 지도가 밝혀짐에 따라 개인별로 유전자 수준에서 맞춤형 의료 처치 가능성이 전문가들 사이에서 거론되고 있으며, 그 실현성이 높다고 여기고 있다. 맞춤 의료의 정의(식약처)를 보면 "개인의 유전형(genotype)을 고려하여 약물 혹은 약물 용법을 선택하는 것"으로 되어 개인별 유전적 형질에 따라 각자에 맞는 약 처방과 의료 처치를 할 수 있게 해 놓았다.

즉, 개개인의 유전자 정보에 따라 투여하는 약물에 대한 효과가 다를 수 있다는 것인데, 알려진 바로는 90% 이상의 기존 약물들은 보통 30~50% 환자들에게만 효과가 있는 것으로 알려져(BBC Research, 2009) 맞춤형 약물 치료의 필요성을 더욱 절감하게 만들고 있다.

여기서 우리 사상 의학과 맞춤형 의료 처치의 관계를 짚어볼 필요가 있다. 한의학에서는 오래 전부터 인간의 체질에 따라 약을 다르게 처방했으며, 질병에 대한 치료 방법도 같지 않았다. 즉, 기본적으로 개개인에 따라 특성에 맞는 약과 치료 방법을 인지하고 실제 의료 행위에 적용했다는 것이다.

특히 사상 의학을 정립한 동무 이제마 선생의 동의수세보원(1894)에서 정리한 체질의학이론에 의하면 사람의 체질을 4가지(태양인, 태음인, 소양인, 소음인)로 분류하여 체질에 따라 장부 대소가 다르고, 이에 따라 성격·생리적·병리적 특성이 달라 각자의 성질에 맞게 치료 방법을 선택해야 한다는 이론이다.

이들 사상 체질에 따라 특성에 맞는 체질별 식품을 제시하였는데, 오장의 기능을 조절하여 균형을 유지하거나 음양의 균형을 유지시키는 식품으로 구분하고, 개개인의 건강에 도움을 주는 식품과 부적합한 식품을 나누어 설명하고 있다. 동양 의학에서는 이미 처음부터 맞춤형 의료 행위를 했던 것이다.

서양 의학은 유전자의 특성을 감안하여 각자에 맞는 의료 처치를 지향하는 반면, 동양 의학에서는 인간 전체의 체질을 보고 이 체질에 맞는 질병 치료 방법을 적용하며 개개인에 맞는 음식을 제시하는 방식을 도입하고 있다. 수천 년간 축적된 과학적 접근 방법이 서양은 전체를 대상으로 구성 성분을 세분하여 그 특성을 확인하고 정리하여 종합한 후 결론을 유도하는 귀납적 사고 방법을 도입하고 있으나, 동양은 우주와 음양의 이론을 바탕으로 인간도 이 자연의 하나로 보면서 전체를 보고 세부 사항을 결정하는 연역적 사고 방법을 기원전부터 도입하여 사상의 바탕을 마련하였다.

서양 의학에서는 사람이라는 생명체의 기본을 이루는 유전자 정보를 분석하여 그 결과를 가지고 이에 맞는 약과 치료 방법을 결정하는데, 이는 귀납적 사고의 전형적인 예이다. 이런 과학적 접근 방법이 서양의 빠르고 확실한 과학 발전에 기초가 되었음을 부정할 수 없는 사실이다. 그러나 분석적 방법에 의한 접근은 인간의 경우 과학으로 밝히지 못하는 총체적 영향과 정신 영역을 감안할 때 한계에 이를 수밖에 없는 상황을 맞고 있다. 이런 제한 요인에 의해 서양 의학이 동양 의학의 영역에 관심을 갖는 것은 당연하다고 할 수 있다.

같은 약이라 하더라도 체질에 따라 다르게 처방하고 있는 것이 한방의 기본이다. 즉, 수삼과 홍삼은 체질에 따라 처방이 다르며, 많은 사람에게 기력을 보충하는 영약이라는 녹용도 맞지 않는 사람도 있다. 아마도 분석학적으로는 이렇게 다른 이유를 설명하기 어려울 것이다. 이들 약재가 갖고 있는 특이 성분을 분석, 실험해보면 차이가 없기 때문이다. 그럼 이들 같은 성분이 왜 사람마다 다르게 적용하는가는 전체 체질을 보지 않고는 설명하기 어려울 것으로 보인다.

한편, 한의학에서 사용하는 약재는 거의 대부분이 자연에서 산출되는 식물과 동물, 그리고 일부 광물질로 사실 복합물질이며, 어찌 보면 식품의 재료로도 사용하는 것들이 많다.

이제 서양의 분석학적 귀납 기법과 동양의 총체적 연역 기법이 손을 잡고 질병의 원인을 밝히고 원인에 따른 인간 전체의 체질과 연계, 처방을 내놓을 때가 되었다. 서양 의학과 동양 의학이 고루 발달된 우리나라의 경우 이 분야에서 우리가 세계에 앞서갈 수 있는 충분한 바탕이 되어 있다. 여기서 매일 먹고, 먹지 않으면 생명을 유지할 수 없으면서도 모든 기능성 성분을 함유한 식품의 중요성을 간과하면 아니 될 것이다.

18. 맛있게 먹고, 살찌지 않으려면

먹는 즐거움을 만끽하면서 어떻게 살은 찌지 않을까? 지금까지 비만의 폐해는 이미 잘 알려져 있다. 암·당뇨·고혈압·심장병 등 많은 만성병의 원인이 되며, 비만인 사람의 경우 본인의 건강뿐만 아니라 신입 사원 채용에서부터 외모에 따른 사회적으로 많은 불이익을 받는다. 문제는 알고 있는데 이를 개선할 뾰족한 방법이 없다는 것이다. 유럽에서는 비만세라고 하여 비만의 원인이 되는 식품에 세금을 물려 원인 식품의 생산을 감소시키거나 값을 올려 소비자에게 관련 식품의 소비를 줄이도록 노력을 하고 있다. 미국도 최고 통치자가 직접 나서서 비만 억제 방법을 권하고 있으나 그 효과는 두드러지게 나타나지 않고 있다.

인간의 식성은 태초부터 물려받은 것으로 생존과 관계가 있으며, 위에서 분비되는 특수한 공복 효소(Ghrelin)에 의해 관리된다고 하는데, 비만을 제어하는 유전 인자는 새롭게 발현되지 않은 채 먹을거리가 있을 때 최대한 비축하려는 본능은 전혀 변화가 없이 지금까지 남아 있는 것이 문제이다. 원시 시대에는 사냥한 먹이가 항상 있는 것이 아니니, 있을 때 다음을 위하여 몸에 비축해야 한다는 본능적 욕구가 강하게 유지되었는데, 먹을 것이 풍부한 지금도 그 욕구는 전혀 변화되지 않고 이어지고 있다.

우리 식단은 이제 가공된 형태의 식품이 과반을 넘어서고 있다. 즉, 우리가 먹는 모든 먹을거리의 60% 이상이 어느 형태로든 가공되어 제품화된 것을 먹고 있다는 것이다. 따라서 이제 소비자가 섭취하는 에너지 절감을 위해서는 가정식보다 가공 식품에서 칼로리를 줄이는 노력이 필요하며, 이런 필요에 따라 식품 제조업 분야의 동참이 기대된다.

미국의 경우 네슬레 등 16개 식품 및 음료 대기업이 연계하여 자사 생산 제품에서 2015년까지 6.4조 칼로리를 낮추겠다는 다짐을 했다고 한다(Medline Plus, 2014. 9.). 이와 같이 감소되는 칼로리는 개인당 일일 78㎉를 줄이게 되는 양이다. 이들 칼로리 감소 대상 식품은 가공음료, 스낵, 곡류제품, 캔디류, 쿠키류, 유지 제품류가 포함되어 있다. 제조업체가 참여하는 상당히 획기적인 노력이다. 여기서 칼로리만을 낮추는 것을 강조하기보다는 균형 영양으로 유도해 주는 것이 중요하다.

칼로리를 높이는 주요 식품 성분으로는 지방과 설탕 등 탄수화물이 지목되고 있으며, 이들 성분의 함량을 낮추면서도 소비자가 맛이 떨어져 거부감을 갖지 않도록 하는 세심한 노력이 필요하다. 인간이 느끼는 맛 중에서 단맛과 지방의 맛이 그 순위에서 제일 앞에 있기 때문에 먹는 즐거움을 해치지 않는 범위에서 이들 성분의 함량을 낮게 조절하는 방법이 개발되어야 한다. 얼핏 칼로리를 낮추기 위해서는 먹는 양을 감소시켜야 한다는 논리가 설득력을 얻으나 적게 먹음에 따른 공복의 어려움은 또 다른 부작용이 있다. 적당한 양을 제공하여 포만감은 주되 흡수되는 칼로리는 낮게 하여 우리가 먹는 식품의 구성 성분을 달리하는 연구가 필요하다. 이 분야의 연구는 상당히 진행되어 비소화성 탄수화물이 다양하게 개발되어 상용화되고 있으며, 상품에도 적용되는 예들이 있다. 특히 곡류에서는 정제되지 않은 통곡물을 다양하게 처리하여 식감을 개선하면서 소화성 탄수화물량을 획기적으로 낮추고, 통곡물이 갖고 있는 기능성 성분을 섭취하게 하는 등의 이점이 부각되고 있다. 또한 지방 대체품도 여러 연구자들에 의해서 개발되었고, 일부는 상업화되어 제품에 활용되는 경우도 있다. 필수 지방산을 함유하되 지방의 특성을 유지하면서 칼로리를 낮추는 기능을 갖도록 하면 식감을 해치지 않으면서 지방에서 오는 칼로리 상승을 억제할 수 있을 것이다.

외식업에서도 밥과 반찬, 육류를 이용한 음식에서 이들 고칼로리 식품의 사용량을 낮춰 내 고객이 비만으로 고통 받는 것을 예방해 주는 노력이 필요하다.

국민의 비만 억제는 이제 심각한 국가 차원의 과제가 되었으므로 효과적으로 비만을 막기 위하여 연구자, 기관, 식품 제조업체나 외식업 종사자의 합리적이고 수용 가능한 참여가 필요한 시점이다.

이와 같은 사업은 강제성을 수반하는 국가 주도보다는 시간이 걸리겠지만 민간 기관이 선도하는 식생활 개선 운동으로 전개하는 것이 바람직할 것이다.

19. 슬로푸드 단상

우리나라에서 지나온 40~50년을 뒤돌아보면서 모두의 생각과 행동의 특징을 꼽으라면 한마디로 빨리 빨리가 아니었나 여겨진다. 뒤지지 않겠다는 국민성도 있지만 굶주리고 못살았던 시대를 거치면서 "우리도 한 번 잘 살아보세"라는 구호는 모두의 가슴에 와 닿는 큰 공감을 불러일으켰다. 잘 살아보려니 빠르게 일을 처리하는 것이 일상 생활화되어 버렸다. 이런 생각이 바탕이 되고 우수한 국민성과 결합되면서 세계에 이런 유래가 없는 단기간에 급속한 발전을 이루었고 풍요로운 지금을 살고 있다고 본다.

식품 분야도 예외는 아니었다. 1960~1970년대 배고픔의 고통에서 벗어나 이제 많이 먹어 문제가 되는 시대에 살고 있다. 인간이 사는 세상에서 가장 큰 고통이 굶주림이라고 하는데, 이 어려움을 벗어나 이제 먹는 즐거움을 구하려 기호 식품을 찾고 건강을 걱정하는 소비자의 생각이 대세가 되어가고 있다. 그럼에도 불구하고 아직도 우리에게는 먹는 것에서까지도 빨리 빨리의 개념을 벗어나지 못하고 있는 현실이다. 아마도 세계에서 식사 시간이 가장 짧은 사람은 아마도 한국인이 상위에 들 것이며, 아직도 먹는 즐거움을 느끼기 전에 한 끼를 때운다는 생각을 갖고 있지 않나 하는 생각이 든다. 아침에 출근하는 사람의 식사 행태나 등교하는 학생이 밥 먹는 모습에서 먹는 즐거움을 느낄 여유는 전혀 없어 보인다.

우리 삶에서 가장 기본적인 동물적인 생리적 욕구는 먹는 것과 성적 욕구라고 하는데, 먹는 것의 기본 개념은 영양 섭취로 생명을 유지하면서 즐거움을 만끽하는 과정이라 여긴다. 그런데도 현대에 살고 있는 많은 소비자는 먹는 양에 크게 구애받지 않는 지금의 상황에서도 먹는 즐거움을 소홀히 하고 있지 않나 느껴진다. 먹는 것에서 정신적 만족감을 찾고자 하는 욕구가 슬로푸드를 찾고, 이를 통하여 먹는 즐거움을 좀 더 깊이 있게 느껴보자는 움직임이 일고 있다고 본다.

슬로푸드 운동이 일고 있는 것은 생활의 여유와 인간답게 살아보고 싶다는 욕구에서 발전되었고 패스트푸드에 물린 소비자들의 반작용이 표출된 결과로 보인다. 이런 감정의 전환점에서 지금부터는 슬로푸드에 대한 우리가 함께 공유할 수 있는 개념을 정리해야 할 때가 되었다고 본다. 슬로푸드는 어느 범주에 들며 어떤 식품이 슬로푸드이고, 먹는 방법은 어떻게 해야 될 것인가 등을 한 번쯤 곰곰이 생각해야 하고 공감대를 형성할 필요가 있다.

사실 슬로푸드는 빨리 먹는, 세계적으로 열풍을 일으키고 있는 패스트푸드에 대한 반작용으로 나온 개념으로 시간 개념에 쫓기지 않는 복고의 여유를 갖고자 하는 회귀의 현상이라고 볼 때, 시간의 개념이 가장 중요한 요소가 될 것이다.

식품에 따라서는 즉석에서 조리하여 먹는 경우도 있지만 다른 한편에서는 상당한 시간을 두고 처리하고 뜸들이고 익히며, 숙성하여 원식재료가 갖고 있는 특성을 최대한 살리면서 새로운 맛과 향을 창조하는 과정을 거쳐 만들어진 식품이 슬로푸드의 개념에 들어갈 것이다. 슬로푸드의 요건은 만들거나 먹는 과정에서 시간에 구애됨이 없이 여유로움이 있어야 할 것이며, 굶주림의 해결이 아닌 즐김의 감정이 충족되어야 하고, 빠름보다는 느림의 아름다움이 존중되어야 할 것이다. 또한 식품의 멋과 맛, 향을 충분히 즐길 수 있는 마음의 상태도 필요하며, 음식을 통한 심리적 만족감도 충족되어야 진정으로 깊은 풍미를 느낄 수 있을 것이다.

이들 개념을 종합해 볼 때 아마도 슬로푸드의 대표 주자는 우리나라 식품의 근간을 이루는 발효 식품이 될 것이며, 세계적으로 각광받을 수 있는 식품도 결국 발효 식품으로 초점이 모아질 것이다. 발효 식품은 일정한 시간을 절대적으로 필요로 하는 발효·숙성 과정을 거쳐야 하며, 이로 인하여 오묘한 맛과 향을 새롭게 만들어지고, 이들 성분과 맛·향이 추억으로, 감성을 통하여 우리 영혼을 깨우는 역할을 하기 때문이다. 우리나라 대표 주자인 발효 식품으로 슬로푸드의 새로운 장을 열고 세계에 슬로푸드의 종주국으로 위상을 정립했으면 한다.

20. 식이섬유 모시기

인간이 지구에 출현한 것이 약 250만 년 전이라고 하는데, 원시인은 아마도 사냥으로 육류를 섭취하면서 식물의 열매와 곡류 등을 닥치는 대로 먹는 잡식성으로 생명을 이어갔을 것이다. 이후 인간의 식생활이 가장 크게 변화한 계기는 불의 이용과 작물의 경작 및 동물 사육이라고 일컫는다. 불을 이용함으로써 식재료를 익혀 맛을 돋우었고, 경작과 키우는 가축에 의해서 안정적으로 필요한 양의 먹이를 얻을 수 있게 되어 정신적 여유를 가지면서 비로소 문화가 발전하는 여건을 만들게 되었다. 이에 따라 먹는 식생활은 안정되었으나, 오랜 시간을 거치면서 여러 가지 부작용도 나타나게 되었다.

특히, 현대에 와서 풍족한 식량 자원에 의한 과식과 사냥이 필요 없고 경작이 쉬워짐에 따라 운동량의 감소는 여러 가지 육체적 질병의 원인이 되고 있다. 또한 맛을 추구하면서 여러 식품 가공 기술의 발달로 식품의 원료가 선별되고 정제됨에 따라 영양소의 편중과 함께 식이섬유의 섭취량이 크게 감소하는 현상이 나타나게 되었다. 이런 변화로 지방 과다 축적에 의한 비만, 영양분 불균형과 식이섬유 섭취량 감소에 따른 각종 만성 질환이 크게 증가하는 현상을 보이고 있다. 식이섬유란 우리 장내에서 소화되지 않는 주로 탄수화물 형태의 고분자 물질을 말한다. 식이섬유는 곡류나 식물의 껍질, 즉 과실·채소·통곡물·두류에 많이 들어 있고, 주로 비소화성 전분류가 이 범주에 든다. 식이섬유는 물에 녹는 용해성이 있는 펙틴과 같은 수용성 식이섬유와 셀룰로오스와 같은 비수용성으로 분류하고 있으나, 섭취하면 장내에서는 비슷한 기능을 한다. 식이섬유는 건강 유지에 필요한 5대 영양소에 더하여 여섯 번째 필수 성분이라고 할 정도로 우리 건강에 큰 영향을 미치고 있다. 대표적인 식이섬유 섭취에 의한 장점은 변을 부드럽게 하고 양을 증가시켜 장내 통과 시간을 단축시키는 것이다. 또 변비 해소로 치질 및 대장암 발생을 억제하고, 장내에서 콜레스테롤을 붙잡아 인체 내 흡수를 막아 혈중 콜레스테롤 수치를 낮추는 역할을 한다. 특히, 혈중 당 함량을 낮춰 2형 당뇨 발병을 막아 주면서 과다한 에너지 섭취에 의한 과체중, 나아가서 비만을 방지하는데도 기여하며, 각종 암·심혈관 질환 발생을 크게 억제할 수 있다. 한국인의 하루 식이섬유 섭취 권장량은 25g이며(식품의약품안전처, 일일 영양소 섭취 기준), 미국은 연령과 성별로 세부적으로 분류되어 50세 이하 남성은 38g, 여성은 25g, 51세 이상의 경우 각각 30g, 21g으로 섭취량을 권장하고 있다. 가장 좋은 식이섬유 공급원은 통곡류로 만든 제품과 과실, 채소, 두류, 견과류이다(참고: 통밀가루 120g에는 식이섬유 12.8g(10.7%), 현미 195g에는 식이섬유 3.5g(1.8%), 통보리 200g에는 식이섬유 31.2g(15.6%), 돼지감자 168g에는 식이섬유 14.4 g(8.6%) 함유). 시중에는 여러 식이섬유 보충제가 시판되고 있으나 천연 식품소재에 의한 식이섬유 섭취가 가장 좋다고 알려져 있다. 특히 보리, 밀

등 통곡물이나 과실, 채소류 등은 우수한 식이섬유원이자 비타민, 무기질도 함께 섭취할 수 있는 복합 영양 공급원이다. 식품 가공업체, 외식업체에서도 정제된 원료보다는 통곡물이나 반가공된 원료를 사용하는 것이 좋겠다. 식이섬유 함량이 높은 곡류, 즉 보리, 밀, 귀리 등은 식감이 좋지 않아 소비자에게 외면당할 수 있으나 근래 가공 기술의 발달로 식이섬유 함량은 그대로이면서 식감을 좋게 하는 여러 가지 개발이 되어 있다. 좋은 예가 통곡물을 그대로 미분쇄하여 분말화하고, 이 가루를 여러 식품 가공용 소재로 이용하는 것이다. 좋은 것에는 단점도 있게 마련인데, 과량의 식이섬유를 먹은 경우 장내에서 가스 발생, 뱃속의 불편함 등이 뒤따를 수 있으나, 먹는 양을 조절하여 몸에 적응시키면 이런 문제를 해결할 수 있다. 식이섬유 섭취량을 높여 건강을 지키고, 만성 질환의 공포에서 벗어났으면 하는 바람이다.

21. 식품의 영양성분과 역할

식품을 섭취하는 가장 중요한 목적은 생물체로서 인간이 생명을 유지하기 위해서 필요한 영양 성분을 고르게 공급하는 것이다. 여기에 부가하여 우리의 관능을 만족시키는 맛이 수반되어야 할 것이며, 안전성은 빠뜨릴 수 없는 기본 사항이다. 지금까지 많은 연구는 식품에 들어 있는 영양 성분을 확인하고, 그 함량을 밝혀내면서 부족할 경우 인체에 어떤 부작용이 일어나는가를 알아냈고, 극히 일부 미량 성분의 작용을 제외하고는 거의 대부분은 과학적으로 그 역할을 밝혀내고 있다.

식품의 영양 성분을 알아내고 기능을 확인하는 것은 전문가의 몫이었고, 법적으로 가공식품에는 영양 성분을 표시하도록 되어 있으나 많은 소비자들의 관심을 끌고 이해시키는 것은 아직 미흡하다. 이는 영양 성분에 대한 홍보와 전문 지식의 보급부족, 그리고 소비자 스스로 알고자하는 노력 부족이 원인인 것으로 여겨진다.

최근 미국의 소비자 식품 구매 조사에 의하면 아주 두드러진 경향을 보이고 있다. 식품 구매자의 3/4은 상품에 표시된 영양 성분을 보고 구입 의사를 결정하고 있으며, 성인 10명 중 9명은 영양 성분이 많은 것을 선택(86%)하고, 이들 중 비타민(78%), 특수한 영양 성분(57%), 허브나 식물성(45%)을 선호하고 있다. 소비자들은 이들 영양 성분을 천연 자원의 식품에서 섭취하는 것을 10명 중 9명이 선호하였고, 다음 영양강화식품(53%)을 골랐다. 이제는 더욱 구체적으로 식이섬유는 대장암 발생을 억제에 관여하고, 비타민 D와 칼슘은 골다공증을 예방하는 것을 알고 있으며, 특히 오메가3지방산은 심장 건강에 관여한다는 등 전문가 수준의 지식을 갖고 있기도 하다.

앞으로 식품산업에서는 제일 고객인 소비자의 요구사항을 심층적으로 간파하며 대응해야 할 시점에 와 있다. 특히 우리나라는 특수한 영양 성분인 비타민 D를 포함한 특정 비타민, 칼슘, 철분의 결핍은 전체 국민의 건강을 저해하는 수준까지 우려되고 있으며, 포화지방산 등 유지의 과잉 섭취에 의한 부작용 또한 검토의 대상이 되고 있다. 기본적으로 식품을 통한 고른 영양 성분의 섭취가 가장 이상적이나 일상적으로 우리가 먹고 있는 식품에 신경을 쓰고 관심을 두지 않는 한 불균형 상태를 초래하는 경우가 많다. 조사에 의하면 탄수화물 등 5대 영양소 외에 미량 성분이 우리의 건강에 큰 영향을 미친다는 것은 많은 과학적 실험에 의해서 밝혀졌는데, 이들 미량 성분은 우리 총 필요 에너지의 5%밖에 담당하지 않는 신선 채소류나 과일에 많이 들어 있다. 이런 사실을 알려주는데도 소비자들은 채소나 과실 섭취량을 늘리지 않아 건강상 어려움을 겪고 있으며, 맛을 우선으로 하는 기호 식품에 편향되어 서서히 건강을 해치고 있다.

지금까지 영양 분야의 연구는 개별 성분에 치중된 감이 있으나 앞으로는 종합적인 기능과 역할이 더욱 강조되어야 할 때가 되었다. 일반적으로 알려진 5대 영양 성분을 훨씬 넘어서 열량은 없으나 생리 기능에 큰 영향을 주는 미량 성분들에 더 많은 관심을 두어야 한다. 각종 식물이나 호두, 땅콩 등 종실에 들어 있는 폴리페놀성 물질(플라보노이드), 콩 중 다이제닌, 인삼에 사포닌 등과 함께 장내에서 유익한 작용을 하는 프로바이오틱(장내 유익균) 등도 함께 생각을 해야 한다.

식품은 단일 성분으로서 그 기능을 가늠할 수는 없다. 인간의 장에 들어가서 소화 과정을 거치면서 특정한 성분들이 흡수되는데, 흡수 가능한 형태로 만드는 데는 인체가 만들어 내는 장내에 있는 효소 작용도 중요하나 음식과 함께 들어간 미생물, 그리고 개인마다 다르게 분포되어 있는 장내의 미생물에 의해서 크게 좌우된다. 이들 장내 미생물이 음식을 분해하고 장세포를 자극하여 면역 물질을 만든다. 이런 기능을 볼 때 인체는 한마디로 얘기하면 초 복합 생화학 공장이면서 다양한 기능을 갖는 생명체이다. 또한 70억 인구 중 동일한 영양 상태나 생리적인 기능을 갖는 경우는 극히 드물다. 이들 생명체는 인종·나이·성별·먹는 음식·사는 환경 등에 영향을 받아 차이가 나며, 정신적인 것도 생리적 기능에 큰 영향을 미치고 있다.

잘 알려진 대로 식품은 인간의 건강에 70~80% 영향을 미치며, 이 식품은 어떤 원료를 사용했느냐에 따라 기능은 달라진다. 오묘한 생체의 기능과 식품의 역할을 알아갈수록 신비하다. 이들 신비한 식품을 우리 식품과학자와 식품산업계가 담당하고 있다.

22. 식품의 유통 기한과 소비 기한

상품화된 모든 가공식품은 법적으로 판매할 수 있는 기한을 정하여, 구매하여 먹는 많은 소비자를 보호하고 있다.

우리나라도 설탕 등 제조일자를 표시하는 것을 제외하고 식품위생법에 따라 거의 모든 식품의 유통 기한 표시를 의무화하고 있으며, 소비자들도 가공식품을 구매할 때 제일 먼저 확인하는 것이 라벨에 표기된 유통 기한일 것이다.

가공식품의 저장 또는 소비자가 먹을 수 있는 한계 기간을 표기하는 방법은 나라마다 차이가 있는데, 우리나라는 '유통 기한'으로 통일하여 이 기한이 지난 제품은 판매장에서 모두 회수하여 폐기하도록 강제 규정하고 있다. 여기서 유통 기한은 섭취가 가능한 기한이 아니라 소비자에게 판매가 가능한 기한을 말한다.

김밥과 같이 저장 기한이 4시간인 경우 제조연월일시을 표기하기도 한다. 미국의 경우는 sell by date(판매 기한, 우리나라 유통 기한), use by date(소비 기한) 등을 사용하여 판매 가능 기한과 소비해야 할 기한을 표기함으로써 소비자에게 정확한 정보를 제공하고 있다. 일본은 소비 기한과 상미 기한으로 표기하여 소비해야 할 기한을 제시하면서 구매한 제품의 맛이 좋은 기한을 표기하기도 한다.

따라서 유통 기한이 지났다고 하여 그 식품에 바로 이상이 생긴다는 것은 아니다. 요구르트, 치즈, 햄 등의 경우 냉장보관을 하면 유통기한을 상당히 지나더라도 품질에 영향이 없는 경우가 많다.

유통 기한을 소비 기한으로 개정하려는 시도가 있었으나 소비자에게 혼란을 야기 시킨다고 여겨 아직까지 법적으로 허용 여부는 결정되지 않고 있다. 현행법으로는 유통 기한이 경과하면 전량 폐기해야 하므로 이에 따른 손실액이 국가적으로는 연간 6000억~1조 원에 이를 것으로 추정하고 있다. 바로 우리가 먹을 수 있는 식품이 이렇게 버려진다는 것은 자원 낭비뿐만 아니라 제조업체측에서도 상당한 손실을 초래하고 이것이 제품의 원가를 올려 국제 경쟁력 상실과 소비자도 손해를 보는 결과를 낳게 된다.

이런 국가적 손실을 막고 소비자를 보호하기 위해서는 유통 기한과 소비 기한을 같이 표기함으로써 업소에서 판매시한과 소비가능일자를 제시하여 소비자에게 정확한 정보 제공이 필요한 시점이다. 한동안 혼란이 올 수도 있으나 홍보를 통한 소비자의 이해, 소비자가 구매 후 저장 등 취급 방법을 자세히 알려준다면 소비기간 내 사고를 막을 수 있을 것이다.

이런 조치로 판매 업소에서는 유통 기한이 며칠 남은 경우에도 제조업체에 반품 처리하여 손해를 더욱 키우는 것을 막고, 실제 소비자도 소비 기한 내에 안전하게 섭취할 수 있는 길을 열어 놓아야 할 것이다.
지금의 유통 기한을 제조업체에서 결정할 때 과학적으로 실험한 최대 기한의 보통 70% 수준으로 정하고 있어 소비 기한으로 표기해도 안정성에는 문제가 없다고 본다.

23. 주식과 간식의 벽

우리 한식과 서양식의 가장 특징적인 차이는 서로 다른 식재료를 제외하면 주식과 부식의 확실한 구분이 아닌가 한다. 한상 차림의 한식은 주식인 밥과 부식인 반찬이 뚜렷이 구분되어 있으나 서양식은 그 차이가 불확실하다. 근래 우리 식생활도 여러 요인에 의해서 크게 달라지면서 주·부식의 구분이 확실하지 않는 음식들이 보편화되고 있다.

특히 간편식의 경우 더욱 심하다. 편의식의 대명사인 김밥, 햄버거, 샌드위치 등은 여러 부재료가 미리 혼합되어 있는 상태로 한 끼 식사가 되고 있다. 설렁탕, 곰탕 등도 몇 가지 부식인 반찬을 곁들이긴 하지만 그 자체로 한 끼를 때울 수 있다. 아마도 주·부식의 구분이 없는 음식의 대표 주자는 출현 후 약 60년의 역사를 갖고 이제 우리 토착 식품으로 자리매김한 라면일 것이다. 물을 끓여 즉석면을 넣고 스프를 첨가하면 훌륭한 한 끼 식사가 된다. 이 라면이 세계적으로 1000억 개가 넘게 판매되고 있으며, 우리나라도 2조1000억 원의 국내 시장 규모에 2억2000만 달러 정도를 외국에 수출하고 있다. 이와 같이 이제는 많은 식품이 주식과 부식의 개념을 벗어나 우리의 식사를 대신하는 일반적화 된 음식이 되고 있다.

한국인의 주식인 쌀은 가정이나 외식 분야에서 쌀밥으로 먹는 것은 2008년 75.8kg에서 2015년 61.7kg(농식품부 자료, 2016)으로 줄고 있으나 가공용 쌀 소비량은 증가하는 현상을 보여 밥이 아닌 다른 형태로 쌀이 소비되고 있음을 보여 주고 있다. 이런 경향을 뒷받침하는 것이 가공용 쌀 소비량이 2013년 기준 471톤으로 쌀 생산량(4,230천 톤)의 11.1% 수준에 이르고 있으며, 가공용 쌀 소비가 2009~2013년 사이 연평균 11.1%씩 증가하고 있음을 보여 주고 있다. 쌀 가공제품을 구분해 보면 전체 매출액 4.1조 원(2013) 중 떡류가 36.5%, 밥류가 29.5%로 전체의 66%를 차지하고 있다. 이는 여러 형태의 떡 소비가 많다는 결과이며, 밥류는 근래 소비가 증가하고 있는 햇반(CJ)과 같은 즉석 밥일 것이다. 전체 쌀 소비 감소에 따라 쌀이 재고(68.6천 톤, 2013)로 남아 국가적으로는 관리해야 하는 부담을 주고 있는데, 이를 해결하기 위하여 정부는 다양한 수단을 동원하여 쌀 소비 촉진 대책을 세우고 있으며, 최우선 방법으로 가공 제품을 개발하여 소비를 늘리려는 노력을 많이 하고 있다.

이제 주·부식의 개념이 없다보니 간식이었던 식품들이 한 끼 대체하는 주식을 대체하는 큰 변화를 불러오고 있다. 따라서 간식이 우리 건강과 밀접한 관계를 맺게 되었다.

떡은 대표적인 간식이었으나 떡으로 한 끼를 때울 수도 있게 되었으며, 간단히 먹을 수 있는 김밥·햄버거·샌드위치 등은 이미 우리 식사 패턴을 바꾸고 있다. 또한 별미로 즐기던 라면은 이제 주식으로 자리하는 수준에 이르고 있다.

이와 같은 편의식이나 간편식이 우리 주식을 대체하고 있는 상황에 대하여 이들 식품이 국민 건강이라는 측면에서 검토해야 할 대상이 되고 있다. 일반적으로 5대 영양소 중 건강 유지를 위한 탄수화물 : 단백질 : 지방의 비율은 55~70 : 10~20 : 15~20이고, 여기에 적절한 수준의 비타민과 무기질이 필수적으로 함유되어야 한다. 이와 같은 비율을 지켜야 우리 건강을 유지할 수 있다는 얘기다.

정확하게 학문적으로 검증된 언어는 아니지만 정크 푸드(Junk Food)는 "열량은 높지만 영양가는 낮은 패스트푸드와 인스턴트 식품의 총칭"이라고 정의하고 있는데, 균형 잡힌 영양원이 아닌, 한두 가지 성분에 편중된 즉석식품을 일컫는 말로 이해된다. '정크(Junk)'란 말은 쓰레기나 폐품(잡동사니)을 지칭하는데, 우리가 즐겨먹는 음식에 이런 말을 붙이는 것은 감정상 합당치 않으나 세계적으로 통용되고 있는 말이니 어찌할 수는 없겠으나, 우리나라만이라도 조금 더 순화된 언어를 찾아볼 필요가 있다.

주식으로 대체되고 있는 우리의 편의식과 간편식이 정크 푸드에 들지 않도록 하기 위해서는 이들 식품에 최소한의 영양 균형이 되도록 하는 원·부재료의 조합을 고려할 필요가 있다. 즉, 간식으로 많은 사람들이 즐겨먹는 즉석 떡의 경우 성분상 90% 이상이 탄수화물로 구성되어 있어 정의로 보면 대표적인 정크 푸드로 치부할 수 있는데, 이와 같은 범주를 벗어나기 위해서는 떡류도 연구를 통하여 균형 영양식으로 탈바꿈하려는 노력이 필요하다. 한 예로 떡에 넣는 소를 다양하게 개발하여 부족한 영양원을 보강하는 방법 외에 반죽에 새로운 부재료를 넣어 필요한 영양소를 보강할 수도 있을 것이다. 이렇게 하면 떡 하나로도 영양 균형을 깨지 않으면서 한 끼 식사를 대신하게 되어 소비자가 즐겁게 선택함으로써 쌀 소비도 획기적으로 늘어나지 않겠는가? 라면도 많은 연구를 하고 있지만 한 끼 식사로 거의 균형 영양식이 될 수 있도록 조성을 개선해야 할 것이다.

정부는 가공식품 가격을 물가 안정이라는 경직된 사고에서 벗어나 국민의 건강을 챙기면서 식품산업이 더욱 발전하여 세계 식품화 할 수 있도록 지원해 주어야 할 것이다. 균형 영양식은 가격의 문제가 아니라 국민 건강과 직결되는 중차대한 일임을 간과해서는 아니 될 것이다.

24. 원물 가공식품과 소비자 건강

자연에서 얻는 농수산물을 본래의 상태대로 유지하면서 먹기 좋게 변형시킨 원물 가공제품들이 두각을 나타내고 있다. 이런 현상은 수백만 년 이어온 인류 기원의 역사와 깊은 관계가 있다.

근래 우리 생활에서 경제적 여유가 생기자 본능적으로 건강하게 장수하려는 바람이 커지고 있다. 건강과 장수는 타고난 유전적 형질과도 관계가 있으나 후천적 요인, 즉 자연환경과 먹는 음식이 크게 영향을 미친다는 것이 과학계의 일반적인 통념이다.

공기 오염이나 사는 장소 등 자연환경은 여러 제한으로 내가 스스로 결정할 수 없는 경우가 많으나 먹는 음식은 기본적인 지식과 식재료의 선택에 정성이 곁들여지면 자기 의지에 의한 관리가 가능한 영역이다. 인류 역사 250만 년에서 원시시대 이후 농업이 정착된 1만 년까지 수렵과 채집에 의해서 생명을 유지해 왔던 인간의 유전자에는 자연에 존재하는 식재료를 그대로 먹는 것에 아주 잘 적응해 왔다.

그 이후 단기간에 재배한 것, 가공 처리한 식품들이 식단을 채우면서 우리 몸의 균형에 이상이 오기 시작하였고 이런 현상의 반작용으로 본능적으로 자연식, 천연식에 대한 선호가 일고 있지 않나 여겨진다.

사회 환경의 변화에 따라 편리하고 간편하게 먹을 것을 만들되, 될 수 있는 한 자연에서 얻은 상태를 그대로 유지하려는 노력에 곁들여 영양소나 심지어 향이나 조직까지도 원래 상태를 그대로 보존하려는 노력이 집중되고 있다. 우리 몸의 유전인자가 요구하는 소리를 받아들이는 현상의 하나로 앞으로 계속될 경향이 아닐까 생각된다.
원물 가공은 농산물이나 수산물 중 해조류 등에서 먼저 도입되고 있으며 그 범위는 차차 넓어지고 있다.

사실 식품 가공 제품은 원재료가 원래 가지고 있는 성분이나 맛 등은 큰 변화가 없는 경우가 많으나 일부 가열처리 하거나 분해를 시키고 변형하게 되면 원물과는 다른 특성을 갖게 되는 경우가 있다. 즉 전분을 가수분해하여 당류를 얻거나 단백질원으로부터 아미노산이나 펩타이드를 얻고 여러 성분을 서로 반응시켜 새로운 물질을 만들면 원료와는 다른 특성을 갖게 될 것이다. 이들의 특성은 원물과는 많은 차이가 있을 수밖에 없다.

최근 인기가 높아지고 있는 원물처리 제품은 오랫동안 원상태로 먹어 왔던 견과류 제품들(2380억 원 시장)과 서류, 특히 고구마, 건조과실(350억 원 시장) 등의 반가공품으로, 대부분 간식 형태로 유통 판매되고 있어 원물간식이라 분류할 수 있을 것이다.

아직까지 원물간식에 대한 법적 정의나 구분은 없으나 일반적으로 견과류, 서류, 과일, 해조류 등 원재료 형태를 거의 그대로 유지하면서 더 이상 처리하지 않고 바로 먹을 수 있도록 처리 가공한 식품이라고 할 수 있을 것이다.

지금까지는 여러 건조 농산물 그리고 해조류 등 수산물과 함께 전통적으로 먹어 왔던 육포, 어포 등이 여기에 포함될 수 있을 것이다.

최근 소비자 기호도 조사에서는 고구마의 인기가 높아지고 있으며, 이제 건강식으로 그 이미지를 바꿔가고 있고 원물 가공제품으로 인기가 있다.

아울러 각종 과실의 반 가공제품, 즉 건조하여 조직과 향을 살리면서 자체에 들어 있는 영양소를 그대로 유지시키는 제품 등은 현대인의 건강 유지에도 도움이 되며 인간의 전래유전자에도 친숙하여 거부감이 덜할 것이라 여겨진다.

원시 시대부터 수백만 년간 먹어 왔던 식재료와 현대의 것은 많은 차이가 있겠으나 그래도 자연에서 얻은 원료 상태를 최대한 유지하면서, 기호성을 부여하는 방법이 더욱더 개발되어 소비자의 건강을 지키면서 원물 생산자의 소득도 올리는 상생의 가치를 만들 때이다.

25. 장내 세균과 비만의 원인

전 세계가 비만과 전쟁을 벌이고 있다. 비만을 일으키는 주범은 먹는 것과 관계가 있지만 이것만이 전부는 아니다. 몸이 필요로 하는 양보다 많이 먹고 운동량이 적으니 자연히 남는 영양소를 비축하고 그 과정에서 비만으로 발전하게 된다. 선진국·후진국을 막론하고 비만 인구가 전체의 10%를 넘어섰고, 미국의 경우 30% 내외까지 육박하고 있다. 우리나라도 비만 인구와 과체중까지 합치면 인구의 30~40%에 이를 것이라는 추정이다. 국가마다 심각성을 인식하여 국민의 비만을 막기 위하여 여러 강제 수단을 동원하고 있는데, 우선 설탕을 많이 사용하는 음식, 특히 음료에 비만 세를 부과하는 법안이 통과되어 강제 집행하거나 준비하고 있는 나라가 늘고 있다. 비만의 원인은 이미 알고 있는 바와 같이 섭취하는 음식량과 음식의 종류뿐만 아니라 대장 내에 있는 미생물과 관계가 깊다는 것이 과학적으로 속속 밝혀지고 있다. 몇 십 년 전부터 장내 세균의 종류와 숫자 등이 전체적으로 건강과 관계가 있다는 것은 거의 확실하게 밝혀졌으며, 이제는 장내 미생물을 어떻게 관리하느냐가 건강을 지키는 관건이 되고 있다. 장내에 있는 세균의 숫자는 10조~100조 마리 정도로 추정되며, 장내 세균은 살아 있기 때문에 다양한 역할을 한다. 일반적으로 유익한 미생물이 많은 경우 건강하고, 유해한 미생물이

득세하면 건강을 해치게 된다. 특히 이들 살아 있는 미생물은 지질 대사에 관여하여 비만에 영향을 주며, 장내로 배출되는 콜레스테롤을 분해하여 재흡수를 막아 혈중 콜레스테롤 수치를 낮추거나 혈압 상승 혹은 대장염 발생에도 영향을 준다. 특히 관심을 끄는 것은 비만인과 당뇨 환자, 정상인의 장내 미생물의 분포가 크게 다르다는 것이다. 비만인의 장내 균수는 정상인보다 4~12.5%가 낮은 반면 당뇨 환자의 장내 균수는 정상인보다 10~11.5%가 낮다는 보고가 있다. 특히 특정한 장내 미생물(퍼미큐테스)이 많아지고 유익균(박테로이데테스) 등이 적어지는 경우 비만으로 이행되고 있다. 또한 특징적으로 메탄가스를 만드는 균이 많은 경우 지방을 생성하여 비만을 촉진하기도 한다. 근래 쥐 실험을 통하여 마른 쥐의 장내 세균을 비만 쥐에 이식하였을 때 마른 쥐와 같이 체중이 감소한다는 결과를 얻고 있다. 장내 세균을 관리하여 비만을 예방할 수 있는 실마리를 찾았다. 아프리카·아시아·유럽·미국 등 각국 인의 장내 세균 총을 비교해 본 결과, 인종에 따라 크게 다름을 보이는데, 이 차이는 특히 식이 습관, 잠자는 형태 등 생활 환경이나 운동 여부 등과도 관계가 있음을 보고하고 있다. 여행자 설사를 하는 것도 장내 미생물총의 변화와 관계있다고 보는데, 집에 돌아와 평상시 식습관으로 돌아오면 개선되어 식이에 따른 장내 미생물총과 관계가 있다고 여기고 있다. 또한 식중독을 앓는 경우 유해세균은 급격히 증가하고, 유익 균은 크게 감소하는 것은 일반적인 현상이다. 지금까지 알려진 장내 미생물의 역할은 질병은 물론 비만과도 관계 된다는 것을 밝히고 있으며, 앞으로 연구가 더 발전되면 더 많은 역할이 밝혀질 것이다.

지금까지 결과를 보더라도 장내 미생물이 우리 건강과 직접 관계된다는 것을 알 수 있는데, 장내 미생물을 유익한 방향으로 전환시키기 위해서는 몇 가지를 지켜야 한다. 첫째, 육류 소비를 자제하고 채소류와 과일의 섭취량을 늘려야 한다. 둘째, 발효식품을 많이 섭취하여 장내 균 총을 변화시켜야 한다. 특히 우리 전통 발효식품은 장내 유익 세균의 보고라는 사실을 염두에 두어야 한다. 셋째, 항생제 등 장내 균 총에 변화를 줄 수 있는 약물을 자제하고, 끝으로 장내 세포 기능을 좋게 하는 글루타민 등 특수 성분을 함유한 식품 섭취를 늘려야 한다. 우리나라 사람들의 전통 식사 방법은 장내 미생물 분포를 좋게 하는 데 크게 도움을 주며, 최근 한국인의 평균 수명이 늘어나는 것은 발효식품을 많이 먹는 등 식단과 관계가 있다고 본다. 근래 일고 있는 급격한 식단의 서구화는 우리 건강을 해치는 불길한 징조로 보여 걱정이 된다.

제2장
식품산업의 길, 식품과 안전

1. 식품가공과 식품첨가물 사용

인간이 지구상에 출현한 이후 물질문명의 발달로 증기 기관차를 비롯해 모든 기구, 기계가 비약적으로 발달하여 왔다. 빨리 가기 위해 마차·기차·자동차·비행기·로켓 등이 만들어졌고, 우리 기억과 판단을 보조하는 수단인 IT 기술, 항해를 돕기 위한 거대한 선박, 그리고 일상생활을 위한 편리한 기계들, 우리 옛 조상들이 상상도 못했을 큰 문명의 변화를 겪고 있다.

그러나 식품은 원시시대부터 먹어왔을 농·축·수산물을 지금도 먹고 있으며, 이들 원료의 생산 방법이 조금 달라졌을 뿐 그 원천은 변한 것이 없다. 그 이유는 식품의 원료는 자연에서만 얻을 수 있고 과학이 발달한 지금도 동·식물 원료는 인공적으로 만들어 먹을 수 없기 때문이다. 이런 이유로 식품은 보수적이고 변화에 크게 흔들림이 없는 태생적인 특성을 갖고 있다.

이후 계속하여 인간이 지혜로워지면서 자연에서 얻은 원료를 다양한 방법으로 처리하여 더 맛있게, 더 편리하게, 그리고 오래 갈무리하는 방법을 꾸준히 개발하여 왔다. 이렇게 개발된 기술을 이용하여 여러 가공된 식품이 만들어졌고, 사회의 변화에 따라 공급 대상이 내 가족의 범주를 넘어 상품으로 만들어 소비자에게 제공하는 제조업이 발전하면서 식품산업이 제조업에서 중요한 분야를 차지하게 되었다.

식품산업 발전의 바탕에는 여러 관련 분야의 과학 기술이 필요하고, 이제는 세계적으로 큰 학문 영역을 차지하고 있다. 식품과학 기술의 근간은 농·축·수산물인 천연 원료에 각종 물리·화학적 변화를 주어 풍미를 더욱 좋게 하거나 영양 가치나 저장성을 높이고 간편화하여 소비자의 요구에 부응해 왔다. 식품산업계는 개발된 과학 기술을 바탕으로 실로 많은 제품을 만들어, 우리 식생활을 다양하고 풍요롭게 하는 데 기여하고 있다.

이런 과학 기술의 결과로 단돈 1천 원 내외로 한 끼를 해결할 수 있는 간편식인 라면이 나왔는가 하면 몇 년 간 품질 변화 없이 저장이 가능한 통조림, 레토르트 식품, 그리고 냉장·냉동 기술을 개발하여 신선한 식품을 계절에 관계없이 우리 식탁에 오르도록 했으며, 장류를 비롯한 각종 발효 조미료가 우리의 미각을 돋우고 있다.

이와 같은 여러 식품 가공 기술을 도입하는 과정에서 과학자들은 필요에 따라 적절한 가공 보조제를 개발하여 이용하게 되었다. 이들 가공 보조제를 우리는 식품 첨가물로 분류하고 있다. 식품첨가물에는 우리에게 친근한 비타민·무기질·아미노산·각종 감미료·향료 등이 포함되어 있으며, 세계 모든 국가에서 허가된 염산(인간 위에는 0.3~3% 함유)이나 황산도 우리가 활용할 수 있는 허가된 식품첨가물의 일종이다. 식품첨가물은 비타민 등과 같이 최종 식품에 남아서 우리가 섭취하는 것과 가공 후 잔존해서는 아니 되는 것으로 엄격히 구분하여 관리하고 있다. 염산이나 황산 등은 최종 제품에 극소량도 잔존을 허용하지 않고 있다.

여러 식품 가공 기술을 적용하는 과정에서 예를 들면 전분으로부터 단맛을 내는 포도당을 만들거나 단백질을 이용하여 감칠맛을 내는 아미노산(식물성 단백 분해물-HVP)을 생산하는 경우가 있는데, 물에 녹지 않는 전분이나 단백질을 분해할 수 있는 도구를 사용한다. 이들 도구가 여러 효소나 산류이고 사용한 산은 최종 제품에 남지 않도록 관리하고 있다. 아울러 이런 처리 과정에서 발생할 수 있는 바람직하지 않은 물질은 철저히 제거하여 소비자의 건강을 지켜주고 있다.

일반적으로 소비자들은 국가가 허가한 식품첨가물에 대해서도 부정적인 생각을 갖고 있는데, 이는 막연한 불안감이 그 원인이 되고 있다. 현재 우리나라는 608종을 허용하여 각종 식품에 필요한 용도대로 사용하게 하고 있다. 식품첨가물을 사용하는 이유는 식품가공에 긍정적인 가치를 부여하고 관리 범위에서 위해가 없고 우리에게 주는 이익이 훨씬 많기 때문이다.

이 지구상에 모든 물질은 섭취하는 양의 과소에 따라 정도 차이는 있지만 독성을 가지고 있다. 인체에 독성을 발현하는 것은 그 존재 여부가 아니라 포함된 양이 문제가 된다. 즉 독성이 강한 물질이라 하더라도 우리 인체가 감당할 수 있는 양(허용 수준) 이내라면 문제가 되지 않으며, 이 양을 정하고 관리하는 것은 국가 전문기관의 몫이다. 우리는 국가 기관에서 제시하는 허가된 식품첨가물과 허용량 등을 믿고 불필요한 불안감으로 먹는 식품 때문에 기분 나빠할 필요는 없다.

근래 극히 일부의 부도덕한 업체가 눈살을 찌푸리게 하는 불량식품을 제조를 하는 것이 보도되었지만 3만 여 식품가공업체는 오늘도 소비자를 위하여 안전하고 건강 유지에 도움이 되는 식품을 생산하면서 300~400만 명을 고용하고 있다. 또한 국산 농수산물을 이용하여 연간 70억 달러를 수출하고 있으며, 농축산물 등 원료를 사용하여 생산자인 농민을 돕고 소비자에게 양질의 제품을 공급하는 식품제조업으로서 중요한 역할을 다하고 있다.

2. 알레르기와 아토피

알레르기와 아토피 이 두 가지 말은 거의 같은 면역 체계의 이상 증상을 일컫는다. 인체에서 수용할 수 없는 물질이 체내에 들어왔을 때 대처하는 여러 형태의 병적 반응을 일으키는 현상을 말하며 과민증이라고도 한다. 이들 질환에는 기관지 천식, 화분증(꽃가루 기인), 두드러기, 염증 발현, 자가 세포 공격, 수포, 피부 반점 반응 등을 일으킨다. 제일 많이 알려진 알레르기 물질로는 고등어나 꽁치 등 특정 어류나 변질된 해산물에 많이 존재하는 히스타민이 대표적인 물질이며, 각종 견과류·우유·콩 등에 함유된 단백질이 원인을 제공하기도 한다. 또한 먼지·곰팡이·응애 외에 알데히드 등 화학 물질과 약품, 중금속도 대상이 된다. 아토피도 큰 범주에서는 알레르기 반응으로 구분되나 유전성이 있는 것과 그렇지 않는 것이 있다. 고초열, 천식, 습진 등은 유전되지 않는 것으로 알려져 있다.

증상의 발현은 개개인의 체질이나 민족에 따라 상당한 차이가 있으며, 어릴 때 특정 물질이나 식품에 알레르기 반응을 보이다가도 성장하면서 반응을 보이지 않는 경우도 있고, 그 반대의 경우도 있다.

이에 따라 가공식품을 제조하여 판매할 때 알레르기를 일으킬 수 있는 원료나 특정 성분을 사용할 때 의무적으로 라벨에 표시하도록 하고 있으며, 이 표시가 되어있지 않거나 잘못 표기되었을 때 법적 회수(recall) 사유가 되고 있다.

미국은 알레르기를 일으키는 대상으로 계란·우유·어류·갑각류(게, 랍스터,새우),견과류(아몬드·호두·피칸) ·땅콩·밀·콩 등 8개 품목을 지정하였다(FALCPA). 우리나라는 난류(가금류에 한한다)·우유·메밀·땅콩·대두·밀·고등어·게·새우·돼지고기·복숭아·토마토·아황산류를 함유하거나, 이들 식품 및 이것에서 유래된 성분을 함유한 식품 또는 식품첨가물을 원료로 사용한 경우(식품 등의 표시 기준)에 모두 표시하게 되어 있다. 즉 미국보다 더 폭 넓게 알레르기 유발 물질을 규제하고 있다.

근래 미국에서 발표되는 회수 명령을 받은 대상의 빈도를 보면 알레르기를 발현하는 성분이 함유된 제품이 선두를 지키고 있다. 바벨 표시는 알레르기 원인 식품이나 물질을 잘못 표기했거나 빠뜨렸을 때뿐만 아니라 이들 물질로부터 기인한 물질을 첨가했을 때도 의무적으로 표기해야 되는데, 이를 위반한 경우 회수 대상이 된다. 예를 들어 콩에서 얻은 레시진을 첨가한 경우 레시진을 표기 하고, 그 기원이 콩이라는 것을 병기해야 된다. 또한, 콩을 가공한 라인에서 다른 식품을 제조했을 때도 잔류 문제가 일어날 수 있으므로 이런 경우도 표시해야 법적 제재를 피할 수 있다.

알레르기나 아토피를 일으킬 수 있는 물질은 우리 자연에도 널리 존재하는데, 특히 이들 물질이 식품에 들어가는 경우 소비자에게 이 사실을 알려 불의의 사고를 미리 막는 데 표기의 목적이 있다. 아토피나 알레르기는 특정 식품이나 성분에 의해서 일어나는 개인에 따른 특이성 질환이므로, 식품가공업체나 외식업체에서는 이런 알레르기 반응을 유발할 수 있는 대상과 성분을 정확히 표기하여 소비자가 선택하고 피할 수 있게 정보를 제공할 의무가 있다. 또한 소비자는 자신의 생리적 특이성을 확인하여 자기에게 이상을 일으키는 알레르기 유발 물질이나 성분이 들어 있는 식품을 피해야 할 것이다. 자기 건강은 자신이 지키는 것이 우선이다.

아토피에 대한 일부 학자의 주장(캐나다 소아학회)은 영유아에게 알레르기 가능성이 있는 식품에 노출을 금지시킬 필요가 없다고 하나 알레르기 질환은 영유아나 성장기 어린이에게 많이 일어나는 경향이 있고, 어른의 경우 발생 빈도가 서서히 낮아진다. 그러나 민족에 따라서는 성인의 경우도 일생 동안 나타날 수도 있어 주의가 필요하다. 특히 콩은 우리나라 사람에게는 드물게 나타나나 미국이나 유럽의 경우 빈도가 높아 수출할 때 표시에 각별한 관심이 필요하다. 과학의 발달은 미지의 세계를 우리가 아는 세계로 끌어냈고, 알레르기 질환도 그 중 하나이다.

3. 가공식품은 나쁜 것인가?

천연식품에 대한 선호도가 지나쳐 가공식품에 대한 부정적인 시각이 너무나 팽대하다. 이와 같은 현상은 우선 식품가공업체들이 농·축·수산물 등 천연 원료를 여러 바람직하지 못한 처리방법을 동원하여 변화시키고 여기에 알 수 없는 유해한 것으로 추정되는 각종 식품첨가물을 넣어 제품을 만들었다고 생각하기 때문이다. 극히 일부 사례가 전체를 믿지 못하게 만들었으며 더 나아가 정직하게 제조하는 기업체까지 피해를 입힌다. 한마디로 믿음이 실종되어 일어나는 현상이다.

사실 가공식품은 인간이 이 지구상에 출현한 이후 꾸준히 새롭게 발전시켜 우리 먹을거리를 풍요롭게 해주고 있는 지혜의 산물이다. 제철에 나는 과일과 채소를 햇볕에 건조하여 두고두고 먹을 수 있도록 갈무리하였고, 바닷가에서는 생선을 소금에 절여 연중 먹을 수 있게 하였다. 또한 식품원료를 불로 가열처리하여 맛을 개선하는 것이 가공기술이다. 이후 산업이 발달하면서 식품가공기술도 획기적으로 발전하여 식품이 부패하거나 변질되는 원인을 알아 이를 방지하는 방법을 개발하였고, 부패나 식중독의 원인이 되는 미생물은 살균하거나 억제하는 기술을 발전시켰다. 19세기 초에 통조림 가공기술이 개발되어 오랫동안 수많은 종류를 만들어 동일한 품질로 양질의 식품을 오래 보존하고 즐길 수 있게 만들었고, 냉동 혹은 냉장기술로 우리 식생활을 획기적으로 변화시켰다. 또 각종 포장 기술로 저장성을 향상시키고 수송을 편리하게 만들었다.

아울러 농·축·수산물원료를 건조하고 분쇄하거나 조합하여 다양한 가공식품을 생산하게 되었다. 예를 들면 밀을 분쇄하여 밀가루를 얻고, 이 밀가루를 이용하여 과자·빵·국수 등 수많은 제품을 상품화하였으며, 이들이 우리 식탁을 풍요롭게 해주고 있다.

발효기술은 어떤가? 대표적인 우리 전통식품이면서 세계 식품화되고 있는 김치, 장류, 젓갈, 식초 등과 함께 기호음료인 각종 주류는 앞선 식품가공 기술의 산물이다. 이들 가공식품의 주된 역할은 영양개선·편의성 제고·저장성 향상·기호성 개량 등에 있고, 이들의 기능을 더 좋게 하기 위하여 국가가 검증한 여러 식품첨가물을 사용하고 있다. 허용된 식품첨가물은 제조 원가를 낮추고 저장기간을 연장시키면서 다양한 종류의 가공식품을 제조할 수 있을 뿐만 아니라 공정개선 등 여러 장점을 활용하는 길을 열어 놓고 있다. 따라서 식품첨가물은 국가의 관리를 믿는 한 기피의 대상은 아니다.

가공기술의 발달로 우리 소비자는 연중 내내 제철에 생산되지 않는 원료로 만든 제품을 여러 형태로 즐길 수 있게 되었으며, 아이스크림·과자류 등 완전히 새로운 모습의 식품을 맛볼 수 있게 되었다. 특히 라면이나 국수류는 가장 경제적인 가격으로 간편하게 한 끼를 해결할 수 있는 가공식품으로 기호나 경제적 여건이 다른 여러 층의 소비자 욕구를 충족시켜주고 있다. 필요에 따라 단돈 1000원

내외로 한 끼를 해결할 수 있도록 한 것은 우리 모두가 식품가공기술의 혜택이다.

이제 가공식품을 비판적 시각보다는 우리 식생활을 풍요롭게 하고 경제적으로 이익을 주며 국가 경제에 기여하고 있는 역군으로서 재평가해야한다.

식품산업은 인류가 존재하면서부터 시작하여 영원히 인류와 함께 해야 할 최초이자 최후의 생명산업이다. 소비자와 생산자가 상호 협력하여 더욱 우수한 품질의 제품을 생산하고 안전성이 완벽하게 확보된 상품이 우리 식탁에 오를 수 있도록 노력해야한다. 또한 식품제조업체는 인간의 생명에 관계되는 무한 책임을 지는 산업임을 한시도 잊지 말고 윤리경영을 해야 한다. 국가 기관은 옳고 바른 지침을 주어 법과 규정에 어긋남이 없도록 관리해야 할 것이다.

4. 소금과 설탕, 섭취량이 문제다

소금에 이어 설탕 섭취에 따른 유해성 논란이 거세다. 갓 태어난 아이도 단 것을 입술에 발라주면 행복해하고, 곰탕에 소금이 빠지면 그 오묘한 맛을 제대로 음미할 수 없을 정도로 우리 식생활과 가장 친숙한 조미료인데 이들에 대한 상반된 의견으로 소비자들을 혼란에 빠뜨린다는 생각이 든다.

소금과 설탕, 이 두 가지는 식생활에서 기본이 되는 조미료의 차원을 넘어 인간의 생명 유지와 관계가 된다. 소금은 인간을 포함한 모든 동물의 체내에서 생리조절을 하는 데 절대 필요한 성분이고, 설탕을 포함한 당류는 탄수화물 일종으로 5대 영양소이며, 인체에서 에너지 주공급원으로서 부족하면 생명을 위협할 수 있는 필수 성분이다.

그런데도 근래 소금에 대한 부정적 열풍이 한 고비를 넘기더니 그 불똥이 설탕으로 튀었다. 결론부터 말하면 두 성분 모두가 인체 건강유지에 절대 필요한 구성성분이요, 외부에서 공급되지 않으면 생명유지가 불가능하다. 단지 필요량 이상으로 섭취하게 되면 기대하는 이익보다는 질병 유발 등 부정적 영향이 심각하기 때문에 과도한 사용을 경계하는 것이다.

우리가 일상 먹는 모든 식품은 단일 성분으로 구성된 것은 없고, 더욱 한 끼 먹는 음식을 합쳐놓고 보면 수십, 혹은 수백 가지의 다른 물질로 구성되어있다. 한 성분을 먹는다고 하여 그 성분이 단독으로 우리 몸에 직접 영향을 미치지는 않는다. 상호 연관 관계를 갖고 작용한다. 이런 특성이 의약품과 식품이 다른 점이다.

소금도 세계보건기구(WHO)는 성인기준 하루 권장량을 5g 정도 (나트륨 량으로 2000mg)로 제시하고 있으나 더 높게 제시하는 학자도 있다. 이는 개인별 생리특성 및 식습관(주로 채소류 소비형태)과 깊은 관계가 있기 때문이다. 따라서 민족의 체질과 일상적으로 먹는 음식의 구성에 따라 그 권장량은 달라질 수 있다. 세계 여러 관련 전문가들의 의견도 통일되어있지 않은데, 특히 채소류·발효식품 섭취량이 많아 칼륨 섭취량이 많은 한국인의 경우 적정한 염 섭취 기준 설정은 폭넓고 깊은 연구가 필요한 시점이다.

당류의 하나인 설탕은 기원 전 9000년 전 부터 사용해 왔던 가장 우수하고 안전한 감미원으로 사탕수수(혹은 사탕무)에 가장 많이 들어있다. 함량의 차이는 있지만 단맛을 내는 모든 식품 원료의 구성 성분이다. 설탕은 체내에 흡수되어 포도당과 과당으로 분해되어 우리 인체의 에너지로 사용되며, 구성 성분인 포도당은 체중의 2%밖에 되지 않는 뇌에서 사용하는 가장 주요한 에너지원이며, 인체에 공급되는 전체 에너지의 20~25%가 우리 뇌에서 소비되는데, 그 대부분이 포도당이다. 입시 날 수험생에게 엿을 주는 것은 잘 붙는 주술적 의미와 함께 당류를 충분히 공급하여 두뇌 활동을 활발히 하려는 과학적인 뜻도 있다. 즉 당류(포도당 등)가 부족하면 두뇌 활동이 둔화되어 기억이나 사고에 문제가 생긴다.

이렇게 필수성분인 소금이나 당류도 필요 이상으로 인체에 흡수되면 비만이나 심장병, 당뇨병 등 여러 만성적 부작용이 나타난다. 채식 위주의 식사를 하는 우리나라 사람들의 식습관과 수 만 년 고착된 생리기능을 감안하여 우리나라 사람들에게 꼭 필요한 소금과 당류의 필요 수준을 과학적 근거를 바탕으로 설정하고, 이 연구 결과를 바탕으로 소비자에게 식생활 개선 운동으로 홍보하는 것이 바람직하다. 생리 기능과 전통적으로 섭취하는 음식의 종류가 다른 여러 다른 나라의 연구결과를 참고로 하되 우리 몸에 맞는 기준을 설정할 필요가 있다.

각 개인이 최종적으로 섭취하는 소금이나 당류의 양은 크게 가정식에서 오는 것과 외식 혹은 가공식품에 들어있는 양과 관계가 있어 어느 한 쪽을 관리한다 하더라도 전체 섭취량을 기준 이하로 낮추는 것은 한계가 있다. 따라서 음식 전체에 대한 관리는 결국 식생활 개선 운동에 의지해야 효과를 거둘 수 있다.

식약처가 "덜 달게 먹기, 건강한 식생활의 첫걸음"이라는 국민식생활 개선운동을 하는 것은 아주 바람직한 접근이다. 우선 국민 개개인이 소금이나 설탕을 덜 먹어야겠다는 생각을 갖도록 유도하고, 이 생각이 몸에 베이면 자연히 가정식이나 가공식품에 저염, 저당도가 정착될 것이다. 가정주부는 자기 가족의 건강을 챙기기 위하여 너무 짜거나 단 음식의 요리를 삼가야 할 것이고 식품제조업체도 소비자가 기피하는 짜거나 너무 단 가공식품의 생산판매를 자제할 것이다.
시간이 조금 더 걸리더라도 꾸준하고 설득력 있는 교육과 홍보를 통하여 개개인이 과도한 소금과 설탕 섭취의 폐해를 스스로 인지하여 음식 선택의 기준으로 삼는다면 건강한 식생활 유도가 자발적으로 일어날 것이다. 섭취량을 줄이는 운동과 함께 업계와 국가기관, 학계는 수 천 년 습관화된 음식의 맛에 가장 큰 영향을 주는 짠맛과 단맛을 내는 소재를 건강을 해치지 않는 다른 물질로 대체하는 연구에도 관심을 두어야한다.

5. 식품안전관리 전문화를 위한 제언

거의 매일 크고 작은 식품 안전사고가 보도되고 있다. 이때마다 소비자는 직접 관계가 없더라도 불안하다. 우리가 접하는 식품의 안전성은 모든 사람의 안전과 건강을 지키기 위한 우리의 공통된 깊은 관심사이기 때문이다.

인류의 생존 역사와 함께한 식품은 자가 생산, 소비 형태에서 벗어나 대량 생산하여 많은 소비자에게 공급하는 기업적 생산 및 대량유통의 단계로 접어든지 오래다. 이 과정에서 공급되는 모든 식품의 품질과 함께 안전성 확보는 가장 우선 되어야 할 기본 요건이 되고 있다.

식품의 품질은 생산업체에 바라는 소비자의 요구, 그리고 각 업체의 판매 전략과 연계되겠으나 안전성은 국민의 건강 및 생명과 밀접한 관계가 있으므로 생산자, 소비자, 그리고 국가의 안전관리 업무와 깊이 관련된다.

세계 모든 국가는 자국민이 먹는 식품의 안전관리를 책임질 정부 조직을 갖고 있으며, 각 국의 여건과 상황에 따라 적절한 운영 체계를 갖추고 있다. 우리나라도 1948년 정부 수립 후 1962년 제정된 식품위생법을 근거로 식품안전관리가 체계적으로 시작되었다. 이후 보건사회부에 약정국, 위생국(1969)을 두어 약품과 식품안전 업무를 관장하게 되었다. 이후 식품과 의약품의 관리수요 증대와

산업 발달에 따라 식품과 의약품의 안전관리 업무가 확대되어 이들 업무를 전담할 식품의약품안전청이 외청으로 탄생되었다(1996). 이후 시대적인 요구인 안전관리 업무를 강화해야한다는 여론에 따라 식품의약품안전처가 국무총리실 산하로 승격되어(2013) 독립부서로 기능을 갖는 발전 과정을 거쳤다.

처음 식품과 의약품을 한 부서에서 같이 관리하도록 한 배경은 일본과 미국의 제도가 크게 영향을 미쳤을 것으로 여겨진다. 이제 식품과 약품의 수요량이 급증하고 산업이 세분화된 시점에서 식품과 의약품을 한 개의 정부기관에서 관장하는 것이 소비자가 기대하는 안전관리를 보다 효율적으로 할 수 있는 것인지에 대한 깊은 검토가 필요한 시점이다.

식품과 의약품은 근본적으로 목적하는 바가 서로 다르다. 식품은 생명유지에 필요한 영양을 공급하고, 맛을 통한 즐거움을 주는 것이 주목적으로 남녀노소를 불문하고 모든 사람이 매일 먹어야 생존이 가능하다. 반면 약은 질병이 있는 환자의 치료와 예방에 국한되므로 꼭 필요한 경우를 제외하고 섭취할 필요가 없다. 또한 식품은 그 원료가 모두 농·축·수산물로 살아있는 생물체이나 의약품은 일부를 제외하고 대부분 무생물이거나 화학물질에 바탕을 두고 있다. 또한 식품은 제조된 이후에도 저장 중 계속, 쉽게 변화되므로 유통기한이 짧지만 약품은 다르다. 따라서 목적이 다르고 사용하는 원료가 다르며 제조·유통하는 방법이 다르기 때문에 식품과 약은 사실상 연계성이 없다.

이와 같이 사용목적과 원료, 제조방법, 소비자의 손에 이르는 유통과정 등이 확연히 다른 이질적인 대상을 한 기관에서 안전관리를 하는 것은 관리의 전문성과 효율성의 저하를 초래할 뿐만 아니라 이치에도 맞지 않는다. 또한 고도의 전문성을 요구하는 두 분야를 한 기관장이 관장하는 것은 전문성과 효율성 측면에서도 바람직하지 못하다. 국제적으로도 국가의 특화된 관리 분야를 전문화·세분화하는 것은 일반 경향이며, 식품과 의약품을 통합 관리하는 경우는 미국이 유일하다(일본은 일부). 영국, 유럽 등 선진국은 이미 식품안전관리를 전담하는 기관을 독립적으로 운영하고 있다.

식품안전에 대한 소비자의 기대욕구는 경제·생활수준에 비례하기 때문에 관련 산업의 발달과 규모 변화에 따라 관리의 방법도 달라져야한다. 우리나라 식품과 의약품의 산업규모는 식품은 연간 생산액 122.1조 원에 관련업체 수는 25,088개, 의약품은 생산액 16.4조 원에 업체 수 684개(식약처, 2014)로 규모면에서 큰 차이가 나며, 안전관리 사고 빈도도 식품분야에서 월등히 높다. 이런 실상을 감안할 때 식품안전관리 업무와 의약의 관리는 분리해야한다.

식품안전관리는 독립기관에서, 의약은 보건행정과 통합하여 관리하는 것이 양 분야의 전문성·효율성 제고 측면에서 바람직하고 소비자에게 보다 안전하고 수준 높은 양질의 서비스가 가능할 것이다.

6. 식품안전관리 사각지대의 대처

미국 식품의약품안전청이 2015년 12월 15일 유통되고 있는 생오이가 식중독균인 살모넬라균에 오염되어 있어 회수를 명령하였다. 한편 미국의 Food Safety News(2015.12.29.)는 한 해를 마무리하면서 2015년에 발생했던 10대 식품기인성 질환의 원인을 발표하였다. 내용을 보면 병원성대장균(1건), 살모넬라속(6건), 포도알구균(1건), 쉬겔라(1건), 사이크로스포라(1건) 등으로 발표하고 있다. 같은 발표는 없지만 우리의 사정도 비슷할 것이다.

일상적으로 많이 일어나는 식중독 사고는 잘 알려진 바와 같이 식중독 미생물에 의한 경우가 가장 많고, 그 외 다른 요인에 의해서 피해를 입는다. 영국 식품표준국(Food Standard Agency) 발표에서 보는 바와 같이 식품안전사고는 2014년 기준 미생물 오염(24%), 가금류 약품(13%), 환경오염(12%), 천연화학물질오염(9%) 등이었고, 식중독 미생물에 의한 사고는 매년 증가하는 경향을 보이는데, 특히 병원성 대장균과 패류원인이 많다고 하였다. Food Safety News에서 눈여겨 볼 식품기인성 사고 1위인 생과채류인 오이에 유해균이 오염된 사고로 원인 식중독 미생물은 살모넬라 푸나(Salmonella Poona)로, 838명의 환자가 발생하였고, 이중 4명이 사망한 사건이다. 캘리포니아 등 38개주에서 비슷한 사고가 보고되었는데, 사고를 낸

오이는 멕시코에서 수입되어 미국의 한 신선제품업체에 의해서 유통된 것이었다.

생오이에 의한 사고와 함께 같은 해 4월 20일에는 아이스크림에 리스테리아 오염으로 3명이 사망한 사고가 보고되었다. 이와 같이 생채소류의 유통시기가 연중으로 확대됨에 따라 일반적으로 식중독 발생사고가 잘 발생하지 않는 시기에도 신선채소나 아이스크림이 식중독 원인이 되었다는 것은 우리에게도 상당한 경고의 의미를 갖는다.

특히 상추, 쑥갓, 깻잎, 오이, 풋고추 등 신선채소류를 어느 나라보다도 일상적으로 많이 먹는 우리 식생활을 감안할 때 상당한 주의와 점검이 필요한 시점이다. 또한 가열 처리 없이 먹는 식품인 호두, 땅콩 등 견과류에서도 선진국 등에서 심심치 않게 식중독 미생물이 오염되어 전량 회수되는 사례 역시 우리에게도 이것들이 점검해야 할 대상이 되고 있다. 특히 화학 비료나 농약을 사용하지 않는 채소류를 선호하는 소비자의 취향에 맞춰 다양한 유기농 채소류가 인기를 끌고 있는데, 유기질 비료의 재료가 유해 미생물에 오염될 가능성이 높은 축분인 경우 상당한 주의가 필요하다. 그 외에 우리 식생활에서 쉽게 접하는 특별한 처리 없이 단순 건조하는 마른 멸치·쥐치포 등 건어물의 안전도 관심을 가질 필요가 있다.

관련 국가 기관과 식품 제조업체, 외식업체의 집중적인 노력으로 우리나라 식중독 사고는 매년 감소 추세이며, 인천시의 집중적인 노력으로 올해 식중독 환자수를 작년에 비하여 89.7%나 감소시킨

사례(2015.12.)를 보면 원인을 알고 대처하면 매년 발생하는 식중독 사고를 크게 낮출 수 있는 가능성을 확인할 수 있다. 이 경우 관리의 대상을 정확히 알고 대처한 결과이지만 신선채소류, 견과류, 건어물의 경우 식품안전에 대한 관리가 미흡한 사각지대에 놓여있어 걱정이 된다. 이들 식품에 적용될 수 있는 규격 기준이 미흡한 상태이므로 적용 가능한 기준과 처리 방법이 제시 되어야 할 것이며, 가열처리 없이 직접 섭취하는 이들 식품에 대하여 유해 미생물 오염실태와 유해물질의 오염 정도를 확인하고 이를 바탕으로 실용적이고 효과적인 저 감화 방안이 수립되었으면 한다.

식품위생·안전관리는 사고 후 대처보다는 문제를 예상하고 이를 예방하는 것이 무엇보다도 우선되어야 한다.

7. 식품안전, 최선책은 사전 관리다

식품 안전사고는 선진국·후진국을 막론하고 수시로 발생하여 소비자를 불안하게 하고 있다. 오염의 기회가 많은 농·축·수산물을 원료로 사용할 수밖에 없고 세척, 처리, 가공 등 많은 과정을 거치면서 또는 포장된 완제품이라 하더라도 상온, 저온, 냉동 유통되는 과정에서도 자칫하면 사고가 날 수 있기 때문이다.

세계 최선진국인 미국에서도 매년 3000~9000명이 여러 식품기인성 질환으로 생명을 잃고 있으며(미국 CDC), 멕시코에서 생산, 미국에 유통된 오이로부터 418명이 식중독 균으로 감염되었고, 2명이 사망한 사고가 발생하였다. 우리나라도 2014년 한 해에 349건 사고에 7466명의 환자가 발생하였다(식약처, 2015.).

식품에 의한 식중독 사고는 주로 외식업소(식당 등)와 제조가공 업체에서 일어나고 있으며, 집단급식의 확산과 대량 생산 판매가 일반화된 현재의 여건에서는 대형사고가 빈번히 일어날 수 있다. 사고가 나면 피해를 당하는 당사자는 물론이요, 원인을 제공한 업소나 업체는 사업을 접어야 할 정도로 심각한 피해를 입는다. 이들 사고는 제조자가 식중독 사고에 대한 지식이 없어 관리 방법을 모르는 경우와 불법 이윤 추구가 원인이 될 수 있다. 이런 식품에 의한 식중독사고를 막는 방법은 2가지 형태로 구분하여 접근할 수 있다. 즉 사고가 났을 때 원인을 밝히고 이를 차단하는 방법을 제시하여 재발을 방지하는 사후관리방법과 식품을 생산하는 현지에서 위해요인을 예견하고, 이를 미리 제거하는 사전관리 방법이 있다. 아마도 모두가 사전관리 방법이 가장 바람직한 방법이라고 여길 것이다.

물론 사고가 났을 때 그 원인을 확실히 밝혀 또 다시 같은 사고가 나지 않게 조치하는 것도 필요하지만 이는 비용이 많이 들고 피해를 되돌릴 수 없는 한계가 있어 사전관리로 예방하는 것보다 훨씬 하수이다.

우리나라에는 현재 2만8000여 가공업체와 약 50~80만에 이르는 외식업소가 영업을 하고 있다. 이들 업체들이 한 순간이라도 방심하면 위해사고가 발생할 수 있으며 많은 피해가 발생할 수 있다. 더욱이 어려운 것은 식품가공업체의 91%는 연간 매출액이 20억 원도 되지 않는 영세성을 면치 못한 처지이고, 외식업체도 거의 대부분이 생계형 소규모가 많다. 이들 업체들이 상당한 전문분야에 속하는 안전관리 지식을 갖춘 전문요원을 확보하여 관리하는 것은 재정상 거의 불가능한 실정이다. 잠재 사고 가능성이 높은 이들 중소기업체에 전문가를 참여시켜 사고를 미리 막는 방법이 깊이 검토되어야 한다.

현실적인 한 방법으로 가공업체와 외식업소, 대학이나 연구소에서 위생·안전관리 분야에서 오랫동안 실무를 담당했던 퇴직 전문가들을 활용하는 것을 제안한다. 사전 안전관리 방법은 현장 밀착형 지도가 필수이기 때문에 전문가가 제조공장에 정기적으로 방문하여 전체 공정을 살피고 관리하는 상황을 점검하여 위해요인을 예견하고, 이를 차단할 수 있는 방안을 제시하는 순서이다. 한 전문가가 권역별로 가공업체 5~10개를 맡아서 지도하는 방법으로 진행하되 합리적인 관리체계를 갖춰 실행의 효율성을 높여야 할 것이다. 이들 전문요원에 대한 보상은 한 업체당 월 50만 원 정도를 지급할 수 있도록 하고, 이 비용은 특수상생협력재단(가칭-대기업 참여), 국가기관, 업체가 각각 50:30:20의 비율로 분담하면 큰 무리가 없을 것이다. 업체로 봐서도 월 10여 만 원을 지급하고 실무에 밝은 전문가에게 안전관리 지도를 받아 사고를 미연에 방지하는 것은 큰 혜택이며 국가기관도 무거운 짐을 덜게 되는 효과와 함께 소비자의 가공식품에 대한 불신도 경감시킬 수 있을 것이다. 또한 국가가 강조하고 있는 퇴직자의 일자리 마련이라는 측면에서도 크게 환영할만한 일이다.

이런 제도가 제대로 운영되고 정착된다면 식중독 사고 예방, 국가기관의 부담 경감, 퇴직자의 일자리 창출 등 1석3조의 효과가 있을 것이며, 국가적으로 문제가 되고 있는 식품에 의한 안전사고를 획기적으로 감소시킬 수 있는 바람직한 방법이 될 것이다.

식품안전사고 방지는 비용이 많이 드는 사후관리보다는 저비용으로 효과를 높일 수 있는 사전관리 방법 도입을 적극 검토해야 할 것이다.

8. 우리 전통식품과 유전인자

모든 생명체의 신비는 이들의 특성이 자손대대로 물려지며 이들은 자기 인자를 갖는 종족을 번식시키기 위하여 피나는 노력을 하고 있는 데에 있다. 인간도 태어날 때 부모로부터 받은 유전인자에 의하여 모든 형질이 나타나는 것은 다른 동식물과 전혀 차이가 없다. 이 유전인자가 육체의 형성은 물론 우리의 정신영역까지 관장하고 있으며, 다시 후손에게 동일한 정보를 전달하여 내 자식임을 증명하고 있다. 그럼 이들 유전인자는 영원히 변하지 않는 것인가?

그렇지 않다는 것이 근래의 학설이다. 유전자 지도를 완성하면서 한 부분의 인자가 바뀌면 관련되는 형질이 달라진다는 사실이 밝혀졌고, 이런 이론에 기초하여 유전자 변형 작물이 나타났다. 이들 작물은 여러 특성을 달리하여 인간의 식생활에 많은 변화를 주고 있다. 특히 생명체 자체도 생존을 위하여 변화하는 자연의 조건에 적응하기 위해서 끊임없이 변화를 거듭해 왔으며, 이 과정에서 유전자가 변화를 일으키는 중심 역할을 해 왔다.

유전자 변화에 가장 크게 영향을 미친 것은 자연 환경과 함께 먹이가 된다. 먹을 수 있는 자원이 부족할 때는 많이 먹는 유전자를 억제하여 적게 먹어도 살 수 있도록 자손의 특성을 변화시키는가 하면 자손이 너무 많아지면 출산을 조절하는 등 자연적인 관리 시스템을 작동하기도 한다. 특히 먹는 음식의 특정 성분이 유전자 형성에도 크게 영향을 끼친다는 것을 과학적으로 증명하고 있다. 꿀벌은 애벌레에게 로얄 젤리를 먹이면 여왕벌이 되고, 화분과 꿀만 공급하면 일벌이 되기도 한다. 쥐 실험에서도 먹이에 따라 쥐 털의 색깔을 변화시킬 수 있음을 증명하고 있다. 즉 우리가 먹는 식품이 인간의 유전자 형성에도 관여함을 알게 되었으며, 이 분야를 후생유전학(epigenomics)으로 분류하여 많은 연구가 이루어지고 있다.

우리가 수 천 년 간 먹어 왔던 전통식품은 우리에게 어떤 변화를 주었는가? 지금의 과학기술의 범위에서 보면 상당한 영향을 주었다고 여겨진다. 한국인은 매콤한 김치에 감칠맛이 나는 된장찌개, 독특한 향과 맛이 있는 청국장을 태생적으로 거부 없이 받아들이고 있으며, 어머니가 임신했을 때 즐겨먹었던 음식을 자식들도 좋아한다는 사실을 알고 있다. 모든 전통식품은 인류의 유전자에 작용하여 독특한 식문화를 형성하는데 큰 역할을 해왔다. 최근 인도 시킴대학에서 개최한 국제 전통식품심포지엄에 참석한 세계 석학들의 발표에서도 이와 같은 사실이 발표되었다. 특히 질병치료에 사용한 의약품과 식품의 차이를 극명하게 보이는 것은 식품은 종합기능을 갖는 특성이 있으며, 세포의 근간을 이루는 미토콘드리아에 영향을 미치나 약은 이 기능이 거의 나타나지 않는다는 점이다.

따라서 우리가 수 천 년 먹어왔던 전통식품은 한국인의 형질을 좌우하는 유전인자에 영향을 주어 고유한 식문화를 형성하는데 큰 기여를 해왔음을 알 수 있다. 세계 각국이 자기의 전통식품을 알리고, 그 우수성을 밝히려 노력하는 것은 민족의 독창성과 차별화를 부각시키는 아주 좋은 도구임을 유전적인 특성을 통해서도 알 수 있기 때문이다.

우리 민족은 반만년의 역사에 걸맞게 무수한 우수한 전통식품을 갖고 있으며, 일부는 변했지만 상당부분 조상들이 사용했던 원료를 사용하고 조리했던 방법대로 지금도 음식을 만들어 우리 식탁을 풍요롭게 하고 있다. 그러나 근래 서양 물질문명이 들어오면서 우리 식생활도 급격히 변하고 있으며, 이 영향으로 유전인자도 변화가 올 것이라는 것은 확실하다. 근래 젊은이의 얼굴 형태가 변하고 체격이 달라지는 것은 단순 영양 개선에 의한 것과 함께 유전자 변화라 추정되고, 비만인구가 늘어나는 현상과 전에 발생하지 않았던 새로운 질병이 나타나는 것은 상당부분 우리의 식생활과 관계가 있을 것이다. 완전히 서구식을 완전히 배척할 수는 없으나 우수한 형질을 지금까지 유지시키는데 큰 역할을 해온 우리 전통식품을 더 많이 보급하고 여러 전통식품을 체험한 나이든 세대와 함께 사라져갈 위기에 처한 독특한 우리 전통식품을 계속 발굴하여 재현하고, 우리 곁으로 불러들이는 노력을 함께 해야 할 것이다. 우리 것을 지키면서 이를 근간으로 세계인이 즐기는 형태로 변화시켜 우리 전통식품을 세계화하는 노력을 기울여야 할 것이다.

9. 정크 푸드와 우리의 식단

이제는 정크 푸드가 일반인의 입에 오르내리는 일반용어가 되었다. 그런데 전문가들까지도 이 낯선 이름의 식품에 대하여 정확한 정의를 내릴 수 있는가? 일반적으로 영양가는 별로 없으면서 열량은 높은 식품으로 구분하고 있는데, 이런 막연한 설명으로는 일반인이 정확하게 이해하는 데는 한계가 있다. 어찌 보면 균형 잡히지 않고 한 성분에 너무 치우친 조리 가공된 식품이라고 덧붙일 수는 있을 것이다. 아마도 일반인에게 가장 많이 회자되는 정크 푸드로는 피자·햄버거 등 즉석식품과 당류가 많이 들어있는 음료가 대상이 되어왔는데, 아마도 이들 식품을 만드는 제조회사는 이렇게 구분하는 것에 할 말이 많을 것이다.

우리가 식품을 먹는 이유는 생존에 필요한 5대 영양소를 섭취하는 것이 가장 중요하고, 동시에 먹는 즐거움이다. 사실 식품에 대한 욕구는 본능이며 생명과 직결되지만 어느 식품을 먹느냐에 따라 우리의 건강에 미치는 영향은 크게 다르다는 것은 잘 알려진 사실이다. 그래서 영양 불균형 식품인 정크 푸드에 대하여 많은 사람들이 우려하고, 섭취를 자제시키기 위해서 식생활 운동을 벌이거나 특정성분이 많이 들어있는 가공식품의 판매를 특정 집단(학교 등)에게는 판매를 금지시키고 있으며, 심지어 벌금을 물게 하여 생산을 자제시키는 강제 수단까지 동원하고 있으나 그 효과는 기대에 못 미치고 있다. 식품은 기호와 취향, 습관이 크게 작용하기 때문이다.

알려진 결과로는 정크 푸드 섭취로 인한 국민건강부담금이 흡연과 알코올성 음료로 인한 의료비용보다 많고, 질병의 발생 비율도 높게 상승하고 있다는 보고가 있다. 현실적으로 편중된 영양과다 섭취로 모든 만성병의 원인이 되는 비만인구가 전 세계적으로 급증하고 있으며, 고도비만 인구가 30%에 이르고 과체중 인구가 50%를 넘어서는 서구 사회는 이제 비만과 전쟁을 선포해야한다는 말까지 나오고 있다. 식생활 형태가 다른 우리나라도 정도의 차이는 있지만 결코 남의 나라만의 얘기가 아니다.

나아가 어릴수록 비만 인구가 늘어나는 현상은 심히 우려할만한 일이다. 비만에 의한 폐해는 만성병, 즉 당뇨, 심혈관 질환 등으로 인한 개인의 불행과 함께 사회적 비용 증가는 물론이요, 부모의 비만이나 당뇨병은 후세까지 유전될 수 있다. 이런 사실은 후생유전학분야에서 특정 식품의 성분이 그 사람의 유전인자 구성에 영향을 미친다는 결과로 증명되고 있으며, 동물실험을 통해서도 관련 사실이 증명되고 있다. 이제 영양성분이 편중된 음식 섭취에 의한 폐해는 충분히 과학적으로 알려져 있다. 그럼 어떻게 이른바 정크 푸드의 섭취량을 줄일 수 있겠는가?

그 첫걸음으로 정크 푸드에 정확한 정의를 내려야 한다. 막연한 설명식 정의보다는 수치로 된 가이드라인을 정하고, 칼로리뿐만 아니라 영양구성성분을 통합하여 인체에 필요한 양과 비교한 적정수치를 알기 쉽게 표기하도록 해야 한다. 일반적으로 탄수화물, 단백질, 지방의 합리적 구성은 65:15:20으로 알려져 있다. 우선 이런 구성요건에 맞게 가공식품을 만들도록 유도하고, 미량 필수성분이 함유되도록 해야 하며, 단순 기호 식품은 그 나름대로 설 자리를 만들어 주어야 한다.

다음으로 우리의 전통식생활로 돌아가도록 범국민 식생활 운동을 전개해야 한다. 세계적으로 알려진 건강식인 지중해식 식단보다도 우리 전통식의 구성이 우수하다는 것이 세계적인 전문 학자들의 공통적인 의견이다. 채소류 중심의 식탁과 생선, 식물성기름, 다양한 콩 가공식품은 세계 어느 나라의 식사형태보다 영양학적으로 우수하다. 이 차별화 된 식단의 단점은 조리하기 쉽지 않고 편의성이 떨어진다는 것이다. 이런 장벽은 우리 식품과학계의 전문가들에 의해서 충분히 해결이 가능한 영역이다. 만성병 발생증가에 따른 의료비 상승을 막기 위해서도 정크 푸드의 확산을 막고, 균형식 보급에 보건당국이 앞장서서 원인을 제거하는 노력이 우선되어야한다. 학계와 기업, 정부기관의 협조가 절실하다. 늦으면 되돌릴 수 없는 것이 식생활 습관이다.

10. GMO에 공감대 형성 필요

GMO에 대한 논란이 계속되면서 소비자에게 혼란을 주고 있어 참으로 안타까운 마음이 든다. 먹고사는 문제이기 때문에 식품에 대한 관심은 클 수밖에 없고, 안전성에 문제가 있다면 결코 용납되어서는 안 되는 것이 식품이다. 그러나 식품의 안전성을 판단하는 것은 단순하지 않다. 사용하는 원료와 가공 및 유통 방법, 섭취한 사람의 개개인에 따른 적응 능력 등 관련이 깊기 때문이다.

GMO에 대한 논란은 많은 사람들의 생각이 각각 달라서 이를 하나로 종합하기는 어려우나 우선 판단의 기준을 설정하는 것이 꼭 필요하다고 여겨진다. 이 기준은 우선 과학적 사실에 입각한 안전성의 판단이요, 두 번째는 이를 받아들이는 소비자의 생각을 반영해야 한다는 것이다.

사실 GMO에 대한 소비자의 생각은 무언가 불안하여 사먹지 않겠다는 의견이 80%(업체 조사 결과)에 이르렀으나, 이 조사 대상의 90%는 GMO에 대해 잘 모르고 있다는 응답이 있다. 즉, 잘 모르기는 하나 안심할 수 없다는 것이다.

이렇게 소비자를 불안하게 만든 원인은 어떤 것인가? 아마도 언론, 소비자 단체, 그리고 일부 학자들이 제공한 정보에 영향을 크게 받았으리라 여겨진다.

현실을 보면 지금도 정부 기관마다 GMO에 대한 우리말 번역도 다른 실정이다. 농림축산식품부는 「농산물품질관리법」에서 '유전자 변형'이라고 하고, 식품의약품안전처는 「식품위생법」에서 '유전자 재조합'이라는 용어를 쓰고 있으며, 소비자 단체나 언론에서는 '유전자 조작'이라는 용어를 즐겨 사용하고 있다. 이와 같이 정부 기관이나 관련 단체 등에서도 용어부터 통일되지 않은 개념을 갖고 있으니, 소비자의 혼란은 어찌 보면 당연할 것이다.

지금까지 GMO는 인류 생존에 가장 기본이 되는 식량 자원을 생산하는 농작물과 깊은 관계를 갖고 있다. 현재 우리 지구에 살고 있는 절반의 인구가 굶주림에 어려움을 겪고 있는 상황에서 어떻게든 증산하고 재배 비용을 절감하려는 과학자들의 노력이 결국 GM 작물을 만들어 냈고, 이 GM 작물이 나름대로 재배에 따른 비용을 줄이면서 병충해 피해를 막아 생산량을 크게 증대시키는 효과를 거두어 곡물 가격 안정이나 가난한 나라의 빈곤층에게 식량자원을 값싸게 공급하는 기회를 준 것은 사실이다.

더욱이 미국 등 식량 자급률이 100%가 넘어 수출하는 선진국의 경우 생산되는 농산물의 80~90%가 GM 작물로 돌아갔고, 앞으로는 GM 작물이 아닌 것은 찾기가 어렵지 않겠냐고 예측하고 있다. 이렇게 대량으로 생산되고 있는 GM 농산물, 즉 콩이나 옥수수 등은 주로 사료로 많이 사용하고 있으며, 이들 중 일부분은 인간의 식량원으로 이용되기도 한다.

이들 GM 작물은 관련 전문 과학자들에 의해서 기존 작물과 차이가 없다는 '실질적 동등성'을 과학적으로 입증하였고, 다른 안전성에 문제가 없다는 것이 확인되어 생산·판매를 허용하고 있는 것들이다. 여기서 우리가 깊게 검토해 볼 것은 이와 같이 안전성이 과학적으로 입증된 GM 작물은 수 년 동안 동물과 사람들이 먹고 나서 지금까지 이상 병변이 발견되지 않았다는 것이다. 즉, 막대한 수의 동물과 인체에 대하여 임상 시험을 마쳤다는 것이다.

일부 위험성을 경고하는 측에서는 기존 실험 계획이 불완전한 연구 결과를 인용하거나 10년 후나 50년 후 아니 100년 후에 나타날 수도 있는 부정적 결과가 없다고 말할 수 있느냐고 묻는데, 일면 일리가 있다고 여겨진다. 그러나 앞으로의 변화는 이 시점에서 확답하기는 어렵고, 모든 과학적인 사실은 현시점에서 가능한 연구 결과와 지혜를 모아 최종 판단을 하는 것이다. 앞으로 100년 후의 결과는 아무도 알기 어려우며, 그때의 상황을 예측하여 지금 해야 할 일을 미루는 것은 옳은 판단이 아니라고 여겨진다.

모든 식품에 대한 안전성 평가는 절대적인 개념보다는 비교 안전성이다. 즉, 절대적으로 안전한 식품이 없는 한 이들 식품을 통한 이익과 위험성을 비교 평가하여 이익이 많을 때 이를 선택하는 것이다.

인체가 받아들일 수 있거나 일생동안 먹어도 문제가 없는 수준에서 안전성이 평가 되고 있으며 이들 식품이나 식재료를 채택함으로써 많은 인간에게 이익이 되는 경우 우리는 이를 받아들일 수밖에 없지 않겠는가?

이미 일반 농산물의 가격은 GM 작물에 비하여 20~30% 정도 비싸며, 앞으로는 이런 작물은 돈이 있어도 사지 못하는 상황에 처할 수도 있다. 우리나라와 같이 식량 자급률이 23.7%(2012)에 그치는 경우 수입 식량원에 의지할 수밖에 없는 상황에서는 GM 작물에 대한 깊은 성찰과 소비자와의 공감대 형성이 시급한 상황이다.

이제 소비자에게도 GM 작물에 대한 정확한 정보와 지식을 제공하여 막연한 불안감을 갖지 않도록 해야 할 것이며, 관련 과학자들도 계속 연구하여 매우 낮은 확률이라도 안전성을 해치는 요인이 있지 않는지 면밀히 확인해야 할 것이다.

11. 참기름의 혼합유 허용은 이른가?

우리나라 식품위생법에 근거한 식품공전에는 식용유지류를 콩기름 등 20가지로 분류하여 규격을 정하고 있는데, 제14항에 제품 유형이 정해진 2종 이상의 식용 유지를 혼합한 혼합식용유를 허용하고 있으며, 단 압착한 참기름, 압착한 들기름, 향미유는 혼합을 제한하고 있다.

국내에서 유통되는 식용유는 총 90만2534톤(식약처, 2013)이고, 이 중 물량 순위별로 보면 콩기름이 전체의 45.6%인 41만1732톤이며, 다음 옥배유, 채종유, 현미유 순으로 이들을 합하면 전체 유지류 유통량의 61.8%를 점하고 있다. 상위 유통량을 점하는 유지류는 모두가 튀김용, 부침개용으로 관련 제품 생산업체나 외식업체 그리고 가정에서 사용되고 있다.

이들 대량으로 생산 유통되는 유지류를 제외하면 참기름(2만274톤), 들기름(1717톤) 등은 총 유지 수요량 대비 극히 낮은 비율을 차지하고 있다. 국내에서 유통되는 참기름과 들기름은 튀김용이나 부침개용이 아니라 모두가 향미를 개선하기 위한 조미용 식용유이다.

현재 콩기름 1ℓ 가격을 참기름과 대비해 보면 약 4배의 차이가 나고 있다. 참기름이나 들기름을 이렇게 고가에 구입하여 사용하는 이유는 독특한 풍미가 우리의 식성에 아주 잘 어울리기 때문이다.

이들 수요량을 충족하기 위해서 부족한 참깨를 수입하고 있으며, 연간 7만8000톤, 금액으로는 17,570만 달러를 지불하고 있다(2015.). 반면 국내에서 참깨는 1만2392톤, 들깨는 2만704톤을 생산하고 있어(농업통계 연보, 2014.), 부족 현상은 특별한 상황 변화가 없는 한 개선되기 어려울 것이다.

여기서 참깨 수입량을 감소시키면서 국내 유지 자원을 합리적으로 활용하는 방안을 검토해 볼 필요가 있다. 즉, 콩기름의 4배나 되는 참기름에, 비교적 값이 저가인 다른 기름을 섞도록 허용하는 것이다. 경험에 의하면 참기름에 들기름이나 현미유를 50% 정도 섞어도 우리가 느끼는 향미의 차이를 인식하지 못한다는 것이다. 이들 조미용 식용유를 가장 많이 사용하는 음식이 비빔밥, 각종 무침, 조림 등이며, 이들 음식에 일정 비율의 참기름 혼합유를 섞어도 소비자는 충분한 향미를 느끼면서 음식을 즐길 수 있을 것이다.

특히 참기름과 들기름을 혼합하는 경우 참기름에 함유된 항산화 물질의 작용으로 산패로 변질되는 들기름의 저장성을 높여 유통 기한을 크게 늘릴 수 있다. 특히 들기름에 있는 오메가3 지방산을 더 많이 섭취할 수 있는 효과도 기대할 수 있다.

참기름 혼합유를 허용할 경우 관리 기관에서는 이 혼합유의 검증 방법 어려움으로 대두될 것이다. 그러나 현재 참기름의 진위 판별법이 정립되어 있어 이 방법을 도입하여 참기름 함유량을 확인할 수도 있으며, 더 간단한 방법으로 생산업체가 참깨 구매량을 보고토록 하고, 원산지 추적을 병행하면 사용량을 확인할 수 있을 것이다.

소비자를 속이는 제품을 생산하는 업체는 결국 소비자에게 외면당하여 존립할 수가 없을 것이다. 면밀한 검토와 손익을 검토하여 참기름 혼합유를 허용하면 국가적으로 값비싼 참깨 수입량을 줄일 수 있을 것이며, 아울러 들깨 생산량을 늘려 우수한 유지 자원 확보와 국민 건강 증진에도 기여하면서 소비자에게 더 싼값에 기호성 식용유를 즐기게 하는 바람직한 방안이 될 것이다.

12. 가공용 식품 원료는 어디서부터인가?

식품가공산업에서 가장 중요한 것은 안전성을 확보하고, 법과 규정에 맞는 충분한 양질의 원료를 적정한 가격으로 확보하는 것이다. 원료 없이 가공식품을 생산할 수 없기 때문이다. 식품용 원료는 일반적으로 농·축·수산물 모두를 일컫는데, 그럼 이들 식품 가공용 원료는 어디서부터가 가공에 사용되는 원료라고 할 수 있는가? 농산물 생산 포장이나 목장, 혹은 바다나 어장에 있는 것을 식품 원료라 칭할 수 있는 것일까? 더 구체적으로 예를 들면 밭에서 절단한 배추는 식품 원료인가, 농산물인가?

식품위생법 제2조 정의에서 보면 '식품 원료'의 정의가 없고, 식품공전 제2 '식품 일반에 대한 공통 기준 및 규격' 중 2. 식품 원료 기준에는 1) '원료 등의 구비 요건'을 제시해 놓았다. 이 내용 중 (1) "원재료는 품질과 선도가 양호하고 부패·변질되었거나, 유독 유해 물질 등에 오염되지 아니한 것으로 안전성을 가지고 있어야 한다"라는 포괄적인 내용이 있다. 이어서 (2) "식품 제조·가공 영업허가(신고) 대상이 아닌 천연성 원료를 직접 처리하여 가공식품의 원료로 사용하는 때에는 흙, 모래, 티끌 등과 같은 이물을 충분히 제거하고 필요한 때는 먹는 물로 깨끗이 씻어야 하며 비 가식 부분을 충분히 제거해야 한다"라고 하였다. 이하의 내용은 식품 원료나 첨가물의 사용에 대한 구체적인 기준이 정해져 있다.

식품 원료 기준에 따르면, 원료에는 유독 유해 물질 등에 오염되어 있으면 아니 되고, 천연성 원료인 경우 이물 제거 후 먹는 물로 세척한 것을 요건으로 하고 있다.

이들 규정을 보면 식품 원료 자체의 정의라기보다는 사용할 원료의 기준을 정하고 있다. 즉, 식품 원료는 무엇이라는 것을 정확히 설명하고, 가공용 원료로서 범위를 확실히 정해 놓았다고 보기는 어렵다.

미국 Health Day(2014. 12. 19)에서는 생산자 시장에서 유통되는 파슬리, 바질 등 허브의 1/4이 잠재 위험성이 있는 대장균에 오염되어 있고, 150 시료 중 한 시료에서는 살모넬라균이 검출되었다고 발표하면서 위험성을 경고하고 있다.

따라서 가공용 원료로 이들은 폐기해야 할 것인가, 세척 등 전처리하여 안전성이 확보되면 원료로 사용하지 못하는가? 여기서 검토가 필요한 것은 식품 원료의 생산 환경은 어떤가? 모든 농산물, 축산물은 땅 없이 생산할 수 없고 수산물은 물속에서 자라고 양식된다. 이들 흙과 담수, 해수는 위생적 측면에서 절대 안전한 것인가? 흙에는 수억~수십억의 다양한 미생물이 존재하고, 경우에 따라서는 중금속이나 유해 화학 물질이 존재할 수 있으며, 해수나 담수 에서도 비슷한 상황이다. 이들 환경에서 재배하거나 양식 혹은 서식하는 식품용 농·축·수산물은 오염 정도는 다르겠지만, 일정 수준의 유해 미생물, 유해 화학 물질, 이물질이 함유될 수밖에 없다.

이들 원료를 식품공전 식품 원료 기준 (1)항에 비춰 보면 유독, 유해 물질 등에 오염되지 않는 것을 원료의 기준으로 제시하고 있어, 이들 농·축·수산물은 원료로 사용할 수가 없다는 의미가 된다. 그러나 일반적으로 농·축·수산물 원재료를 그대로 직접 가공용 원료로 사용하는 경우는 없다. 원재료가 제조 공장에 도착하면 다듬기, 절단, 세척, 경우에 따라서는 침지 등 다양한 전 처리 공정을 거친 다음 본 가공에 투입된다. 그럼 원료의 정의를 공장에 입하되는 원재료로 할 것인가 아니면 세척, 절단 등 전처리를 거친 후 본 가공에 투입되는 상태의 것을 원료로 규정할 것인가를 결정해야 할 것이다.

어느 가공용 원료도 세척 등 전 처리 없이 바로 사용하는 경우는 없기 때문에 전 처리 전의 원재료를 식품 가공용 원료로 규정하기는 어려울 것이다. 즉, 식품 원료의 구비 조건에 맞지 않는 것이다. 따라서 식품가공공장에서 사용하는 원료는 적정한 전 처리 공정을 거친 후 원료의 구비 조건에 맞는 것으로 한정지어야 할 것이다. 즉, 다듬기, 세척 등을 통하여 일반적인 위해 물질이나 생물학적으로 문제가 되는 미생물을 최대한 제거하고, 다음 가공 공정에서 충분히 안전성을 확보할 수 있는 상태의 것을 원료로 규정해야 합리적 판단이다.

제조 공장에서는 원료의 규격을 정하여 관리하고 있으며, 회사별로 정한 규격에 맞지 않으면 대부분의 공장에서 원료로 사용하지 않는다. 자가 규격에 맞지 않는 경우 2가지로 구분할 수 있을 것이다. 첫째, 재처리하여 개선될 수 없는 것, 예를 들면 농약이나 중금속이

오염된 것과 둘째, 전 처리를 다시 하여 개선이 가능한 경우, 즉 위해 미생물의 오염, 이물 혼입되어 있는 경우이다. 개선 불가능한 경우는 원료로 사용이 금지되는 것이 당연하나 개선이 가능한 경우는 당연히 적절히 처리하여 원료로 사용해야 할 것이다.

개선이 가능한 처리 내용까지 일일이 감독 기관에 보고하는 것은 제조업체나 관리 기관의 에너지 낭비이다. 국내·외적으로 식품제조업은 시대에 따라 품목이 세분화되어가고 있고, 건강에 위해를 줄 수 있는 가능성이 있는 항목도 확대되고 있다. 제조업체나 규제 관리 기관에서는 관리 항목은 더욱 세분화하되 명확한 정의와 관리 한계를 정하여 제조업체나 관리 기관 간 같은 생각을 갖고 합리적으로 운영해야 산업 발전과 소비자 보호가 동시에 가능할 것이다.

13. 노로바이러스와 식중독

무더위가 기승을 부리는 여름철에는 더위 못지않게 식중독 사고가 우리를 불안하게 한다. 식중독은 원인을 알고 사전에 적절히 대처하면 막을 수 있다. 식품을 섭취함으로써 일어나는 식중독의 발생 원인은 다양하다. 그 원인은 크게 나눠 보면 생물학적인 요인, 즉 식중독 미생물, 농약 등 유해 화학 물질, 독버섯 등에 함유된 천연 독성 물질, 가공 중 생성되거나 오염되는 유독물 등을 들 수 있다. 이 중 가장 발생 빈도가 높은 원인은 식중독 미생물로 전체 발생 비율의 80~90%를 차지하고 있다. 우리나라에서 2013년 발생한 식중독 사고는 235건에 환자 수는 4,958명(식약처)으로 근래 발생 건수와 환자 수는 몇 년 사이 감소하는 경향을 보이고 있으나 유독 노로바이러스에 의한 식중독 발생 건수는 크게 증가하는 현상을 나타내고 있다.

한 예로 2005년 노로바이러스에 의한 식중독 발생 건수는 6건, 환자 수는 719명으로 환자 수로 비교하면 병원성 대장균(1,883명), 황색포도상구균(863명), 살모넬라(753명)로 5위에 머물렀으나, 2013년에는 노로바이러스에 의한 식중독이 43건에 환자 수는 1606명으로 가장 높은 순위를 보이고 있다. 이 해에 노로바이러스에 의한 식중독 발생 건수는 전체 식중독 발생 환자 수의 32.4%를 차지하여 국가 차원의 식중독 발생 빈도를 낮추기 위해서는 노로바이러스에 의한 식중독 사고를 예방하는 것이 중요한 관리 대상이 되고 있다. 이런 현상은 우리나라뿐만 아니라 미국에서도 주요 식중독 원인균이며, 세계적으로 위장염 환자의 1/5이 노로바이러스가 원인이라는 사실이 밝혀졌고, 오염된 식품을 다루는 작업자가 가장 주요한 오염원(70%)이라는 보고가 있다. 처음 크루즈 여행 시 많이 발생하여 관심을 끌었으나, 이 여행에서 보고된 발생 빈도는 전체의 1% 정도에 머무르고 있다. 온도가 낮은 겨울철 많이 발생하나 여름에도 물과 오염된 식재료에 의한 감염이 쉽게 일어난다.

노로바이러스에 감염되었을 때 가장 특징적인 증상은 위장 장애를 일으켜 구토나 설사를 유발하며, 가볍게 지나가는 경우도 있으나 노약자나 면역 기능이 약한 사람은 입원 치료가 필요하고, 심한 경우에는 사망에 이르기도 한다. 바이러스 원인 식중독은 살모넬라 등 다른 식중독 미생물과 다르게 감염된 환자 사이에 혹은 오염된 식품과 표면 접촉에 의해서 전파되기도 한다. 보고에 의하면 노로바이러스 식중독은 감염된 식품업체 작업자에 의해서 70% 정도가 전파되며 잘못 세척한 신선채소, 혹은 과실류도 오염원이 될 수 있다. 특히 감염된 종업원이 증상이 나타나기 전, 혹은 증상이 호전된 경우에도 식중독을 전파시킬 수 있어 각별한 주의가 필요하다.

연구 결과에 의하면 노로바이러스는 아주 쉽게 전파가 되며 보통 수만~수백만 마리 이상이 오염되어 증상이 나타나는 살모넬라 같은 다른 식중독 미생물과는 다르게 10여 마리 정도의 바이러스만

감염되어도 건강한 사람에게 증상을 일으킬 수 있다. 보통 감염환자의 대변 1g 속에는 10억 마리 이상의 바이러스가 발견된다니 그 전파력은 가히 짐작이 간다. 따라서 노로바이러스에 의한 식중독을 예방하기 위해서는 식품 취급 업소에서는 설사 성 질환 의심 종업원을 철저히 격리하고 식용수 뿐만 아니라 원료를 씻는 세척수를 주기적으로 검사하고, 지하수를 사용할 때 각별한 주의가 필요하다. 또한 가공업체나 외식업소에서는 원·부재료는 물론이요 주위 환경과 가공 기계 및 집기의 청결 유지는 매우 중요하다. 특히 식품과 직접 접촉하는 종업원의 개인위생은 무엇보다도 중요하다. 이를 위하여 적절한 방법으로 손 씻기를 생활화하는 것이 선행되어야 한다. 일반 소비자와 함께 식품 산업체나 외식업체 종사자는 물론이고, 최고 책임자도 충분한 전문 지식을 갖추고 노로바이러스를 포함한 식중독균에 의한 오염을 막을 수 있는 정기적인 종업원에 대한 교육, 현장 점검 등 모든 적절한 노력이 필요하다.

노로바이러스는 냉동 상태에서도 생존하며 집기나 가공 기계 표면에서도 2주일 정도 생존이 가능하다. 또 물에 의해서 가장 쉽게 전파되고, 보통의 위생 처리제에 저항하므로 잘 관리된 물로 철저한 세척과 85℃ 이상에서 1분 이상 살균하는 것이 가장 확실한 방법이다.

14. 위해 미생물을 미생물로 관리하자

2012년 7월 6일 한국 과학기술단체총연합회 전북 지부 주관으로 의미 있는 학술 심포지엄이 열렸다. 주제는 '식품 및 동물 대상 위해 미생물의 새로운 관리 방법'이었다. 관련 주제는 3건이 발표되었고 전문가 네 분의 의견과 토론이 있었다.

인간이 이 지구상에 나타난 이래 생명을 받아서 살다가 여러 이유로 하여 죽음을 맞게 되는데, 그 이유는 다양하다. 전쟁으로 인하여 남은 생을 다하지 못하고 죽임을 당하거나 불의의 사고로 일찍 생을 마감하는 경우를 제외하고는 노화와 여러 가지 질병이 가장 큰 이유가 될 것이다. 이전 질병의 원인은 실로 다양 하나 그 중에서 두드러지는 것이 미생물 관련 질환이 아닌가 한다. 이 지구상에서 가장 작은 생물이 가장 지능이 발달한 고등생물인 인간을 공격하여 생리적 이상을 유발하고 경우에 따라서는 생명 현상을 마감하게 하기도 한다. 지금까지 이 지구상에 있는 미생물의 총 무게를 측정해 보면 생물체의 60%에 달한다는 보고도 있는데, 사실 우리가 살고 있는 이 환경 어디에도 특수한 환경을 제외하고는 미생물이 존재하지 않는 곳은 없다고 보아야 한다. 수십 km 지하에도 미생물이 존재하는가 하면 깊은 심해에도 높은 압력과 염분에 적응한 미생물이 있다. 또한 높은 온도의 화산 근방에서도 적응한 미생물을 발견할 수 있다. 이들 미생물의 99.99%는 인간에게 큰 해도, 큰 이익도 주지 않는 것으로 알려져 있다. 극히 일부가 좋은 쪽으로 이용되거나 혹은 문제를 일으켜 우리를 괴롭히고 있다.

인간이 건강하게 생존하기 위해서는 먹이 획득이 가장 우선이겠으나 먹을거리가 확보된 이후에는 더 건강하게 오래 살려는 욕구가 본능의 하나로 정착되었다. 이후 과학의 발달로 인간 생명을 연장하기 위한 노력이 계속되었고, 질병 퇴치에 끊임없이 노력을 해 오면서 여러 병의 주원인이 되는 미생물과의 싸움은 유사 이래 계속하고 있다고 볼 수 있다.

유해 미생물은 열이나 방사선 등 물리적인 방법으로 아예 사멸시키는 방법도 도입되었으나 복잡한 처리 없이 미생물 증식을 억제하는 수단으로 각종 보존제나 여러 항균성 물질을 개발하여 미생물을 효과적으로 관리하는 방법을 사용해왔다. 이 미생물 관리 방법으로 가장 효과적인 수단이 항생제가 아닌가 싶다. 항생제 개발로 실로 많은 질병과 식중독 등이 예방되고, 환자 치료가 가능해졌다. 그러나 이로 인하여 사람들의 건강과 생명 연장에 지대한 공헌을 한 것은 사실이다. 이 세상에 완벽한 것은 없다는 것을 증명이라도 하려는 듯 항생제에 의한 심각한 부작용이 서서히 나타나기 시작하여 우리를 위협하고 있다. 잘 알려진 슈퍼박테리아가 출현하여 우리를 공포에 빠뜨리고 있는가 하면 치료 방법이 없어 의료진도 손을 놓는 경우가 있다니 인간이 생각했던 이상적인 방법이 또 다른 재앙을 불러오고 있다.

지구상에서 가장 강하다는 금강석은 금강석으로만 가공이 가능하다. 미생물의 세계에서도 이 방업이 가능할 것이다. 위해 미생물을 관리하는 방법은 처음 천연물(약초 등)에 의한 미생물 관리에서 화학물질(유황제제 등)에서 항생제로 발전하였으나, 이들 폐해에 인해 다음 단계는 생물학적 방제, 즉 미생물을 미생물로 제어하는 방법이 적극 검토 되어야 한다.

과총 심포지엄에서 발표된 내용은 특정 미생물에 식균 작용을 하는 파지(phage), 미생물이 생산하는 항균성 물질인 박테리오신 등과 함께 동물 질병을 예방하기 위한 젖산균 제제, 미생물에 의한 면역 기능 개선제 등이 심도 있게 제시되었으며, 참여한 전문가들도 미생물에 의한 유해 미생물의 관리의 타당성을 인정하였다. 앞으로 사용 미생물의 안전성을 과학적으로 규명하고 관리기관의 사용 허가, 향후 나타날 수 있는 부작용 등을 더 깊이 연구할 필요가 있음을 지적하였으나, 농작물의 유해 세균 퇴치에 토양 미생물이 이미 이용되고 있는 예에서 보듯이 유해 미생물을 미생물로 관리해야 할 수 있는 새로운 시대가 오고 있다.

15. 소금 섭취는 과유불급

나트륨의 주요 공급원인 소금 덜 먹기 운동이 정부 기관을 중심으로 세차게 일고 있다. 과다한 소금 섭취에 의한 건강상 위해는 의학적으로 잘 알려져 있으며, 이런 과학적 근거에 의하여 범국가적 계몽 운동을 벌이는 것은 바람직하다. 그러나 아무리 좋은 운동이라고 하더라도 수용 여건을 치밀하게 마련하고 여러 특성을 고려하여 적용이 가능한 분야와 대체 가능한 수단 등을 폭넓게 마련한 다음 권고하는 것이 효율성을 높이는 방안이다. 영국에서도 염절임 육류, 즉 햄이나 관련 제품류에서 저염화 시도가 맛과 저장성 때문에 소비자와 생산자의 호응도가 낮아 실패한 예가 있다. 우리도 이런 경험을 거울삼아 현실적이고 수용 가능한 방법을 슬기롭게 찾아야 할 것이며, 소비자와 식품 산업계, 외식업계의 폭넓은 지지를 받도록 하는 것이 무엇보다도 우선되어야 한다. 필요성이 뚜렷한 좋은 정책이라 하더라도 이해의 폭을 넓히지 않고 단기간에 밀어붙이기식 추진은 부작용을 낳고, 결국은 실패하여 의도했던 바를 달성하기 어렵다.

나트륨이 주성분인 소금은 인체 생리상 필수 무기질이고, 과부족 시 심각한 장애를 일으키며, 학자에 따라서는 과소 섭취 시 과량 섭취와 비슷한 장애를 보고 하기도 했다. 한편으로는 소금 량을 40%

감소시켰을 때 10년 후 수천 명의 생명을 구한다는 연구 결과도 있다. 지금까지 알려진 권고 량은 나트륨으로 2000mg/일, 소금으로는 5g에 해당하는데(FAO/WHO), 미국 심장학회에서는 이보다도 훨씬 낮은 권고 량을 제시하기도 하였다. 반면 우리나라의 경우 평균 소금 섭취량은 10g 정도로 국제 권고량의 2배를 넘고 있다. 이 결과만으로 판단할 때 우리나라 사람들의 소금 섭취량이 과다하다는 것은 확실하다. 과량의 소금 섭취에 의한 고혈압, 심장병, 신장병 등 만성 질환을 예방하기 위해서는 덜 짜게 먹는 운동의 필요성이 있다. 이제 많은 소금 섭취량을 줄이기 위해 모두가 거부감 없이 받아들일 수 있도록 하는 노력이 필요한 것으로 여겨진다.

소금 덜먹기 운동이 성공하기 위해서 다음 몇 가지 사항을 깊이 고려해야 할 것이다. 첫째, 소금 덜 먹기 운동은 규제나 강제성을 바탕으로 한 국가 기관이 앞장서기보다는 민간 주도의 국민 식생활 운동으로 전환하여 소비자 스스로 참여하도록 유도해야 한다. 내 가족과 고객의 건강을 지키기 위한 운동으로 확산하도록 정부는 뒤에서 지원해야 한다. 둘째, 소금 대체 방법을 개발, 보급해야 한다. 식품에 따라서는 소금 량을 줄이고도 비슷한 맛을 낼 수 있는 향신료가 있고, 이들을 적극 발굴하여 조리에 활용해야 한다. 각각의 음식에 어울리는 대부분의 향신료는 짠맛을 대체하면서 음식 맛을 보강하는 기능이 있다. 셋째, 전통 발효식품, 즉 김치·장류·젓갈 등은 개인이 선택하여 먹을 수 있는 반찬으로, 먹는 양을 조절하는 등 소비자에게 선택권이 있으므로 염 함량을 강제할 필요는 없다고 본다. 특히 식염이 필수 요소인 전통발효식품까지 사용량을 규제하는 것은 바람직하지 않다. 이들 식품에 저염화 유도는 이익보다는 변질이나 식중독 사고 발생 등과 함께 전통발효식품의 특성을 상실하여 우리나라 대표 발효 식품산업을 위축시키는 등 폐해가 더 많을 수 있다. 넷째, 나트륨과 칼륨은 인체 내에서 균형을 이루어야 한다. 이번 기회에 채소류 소비 권장을 통하여 소금 덜 먹기와 함께 우수한 칼륨원인 채소류 소비 촉진 운동을 병행하여 1석 2조의 효과를 거두자. 끝으로 가정식이 점점 줄어들고 외식이 일반화되는 현실을 감안할 때 외식업소들의 저 염화 운동 참여는 소비자들의 소금 섭취량을 낮추는 것이 관건이 된다. 따라서 외식업체가 수용할 수 있도록 여유를 두고 서서히 업계 스스로 서서히 고객의 입맛을 바꿀 수 있도록 유도하며 지원해야 할 것이다. 소비자가 인지하지 못하는 범위 내에서 소금 농도를 낮추는 시도가 필요하다.

우리 입맛을 바꾸는 것은 과학과 이론만으로 되지는 않는다. 더욱 맛없는 음식으로 소비자를 유인할 수는 없다. 사람이 가장 좋아하는 혀 감각은 단맛이요, 음식의 맛을 좌우하는 제일 기본 조미료는 소금이다. 이 두 가지 식재료는 음식 맛을 좌우하는 가장 중요한 요소이며, 우리 건강을 지키는 데 필수 성분이나 과량 섭취에 의한 폐해 역시 잘 알려져 있다. 예로부터 잘 알고 있는 과유불급(過猶不及)의 지혜를 우리 모두가 발휘해야겠다.

16. 술과 알코올

술은 인류의 역사와 함께 해왔다. 원숭이가 나무 파인 곳에 쌓인 과실이 발효된 액을 먹고 기분 좋아하는 것을 보고 술을 만드는 방법을 배웠다는 믿거나 말거나 하는 얘기가 전해오고 있다. 여러 가지 마시는 것 음료 중 술만큼 우리의 삶에 애환을 더해 준 것도 없을 것이다. 즐거워서 마시고, 슬픔을 잊기 위한 수단으로 즐겨 이용되었다. 연인과는 정담의 매체로, 친구와는 흉허물 없는 대화를 위해서 마신다. 예술가들은 새로운 영감을 떠올리는 데 도움이 된다고 하니, 술은 우리 삶의 모든 곳에 영향을 주었다고 해도 과언이 아니다. 술은 알코올이 들어 있는 음료이다. 이 음료는 종류가 다양하지만 크게 나누면 과실이나 곡류를 발효하여 걸러서 그대로 마시는 단 발효 형태와 발효한 액을 증류하여 알코올 함량을 높인 증류주가 있다.

이들 음료가 과연 식품으로 구분될 수 있는지 한 번쯤 생각해봐야 한다. 식품의 정의를 보면 첫째가 독성이 없어야 하고 영양소가 있고, 기호성이 있는 농·축·수산물이나 그 가공품으로 한정하고 있다. 그러나 알코올성 음료는 기호성은 있으나 영양원은 제한되고 더욱이나 독성이 있는 알코올이 들어 있기 때문이다. 따라서 식품으로 구분하기는 어렵지 않나 생각한다. 따라서 전통 발효식품에 우리 전통술을 포함시키는 것은 생각해 볼 일이다.

우리가 마시고 있는 알코올성 음료는 모두가 발효 과정을 거치는데, 특징적으로 설탕·포도당 등 당류만을 먹이로 하여 효모가 만들어내는 발효 산물이다. 이 알코올을 마시게 되면 인간의 지적 기능과 판단력을 관장하는 부위의 신경을 마비시켜 기분을 좋게 하거나 들뜨게 하기도 하지만, 독성물질이기 때문에 도가 지나치면 부작용으로 체내 해독 과정에서 건강에 해를 끼친다.

인간이 술을 의도적으로 양조한 곳은 메소포타미아로 알려져 있는데, 이때부터 술의 폐해가 알려졌던 것 같다. 함무라비법전에는 기원전 2000년경 술을 규제했다는 내용이 있고, 박카스와 함께 즐기는 음료라기보다는 사회적 문제가 되는 것으로 생각하였다. 술의 폐해는 일찍부터 법적 제재를 해야 할 정도가 되었는데, 1851년 미국 메인 주에서는 최초로 금주법이 통과되었고, 1920년에는 미국 33개 주에서 전면 금주법을 도입하였다. 그러나 술값 급등과 술 밀수와 함께 탈세의 대상이 되어 많은 부작용을 유발하기도 하였다. 우리나라에서도 그 원인은 다르지만 곡류를 이용하여 술을 빚기 때문에 흉년에는 술 제조 금지령을 내린 경우가 있어 이에 따른 여러 숨은 이야기가 전해오고 있다. 그럼에도 불구하고 술은 우리 삶에 깊이 뿌리 내렸으며, 그 폐해를 알면서도 계속 번창해서 종교적으로 금지하는 나라를 제외하고 세계적으로 큰 제조업으로 발전하게 되었다.

최근 술에 의한 사회적 폐해가 크게 문제되면서 술에 대한 관대함이 조금씩 덜해가는 분위기이지만 수백 년간 우리에게 고착된 관념을 버리기가 어려운 것 같다. 심지어 법에서도 술을 먹고 한 실수는 감형하는 예가 있었으니 말이다.

알코올이 함유된 술은 여러 가지 작용이 있으나 가장 문제로 대두되는 것이 중독성이다. 세계보건기구에서는 중독을 의존과 남용이란 말로 대체하자고 하지만 보통으로 먹는 양보다 많이 먹거나(남용) 습관적으로 먹으면서 갈망과 금단, 내성 등이 생기는(의존) 것, 어느 쪽이든 건강에 해를 주는 것은 확실하다. 이와 같은 증상을 유발하는 것으로는 니코틴, 카페인, 대마초, 코카인, 아편류, 스테로이드 등이 있다.

우리나라에서 15세 이상 1인당 알코올 소비량은 OECD 회원국 중 22위를 차지하고 있으며, 최근에 크게 소비량이 증가하지는 않고 있다. 가장 많이 마시는 술은 증류주(66%), 맥주(22%), 기타 주류(10%) 순으로 보고되고 있다.

알코올성 음료는 적당량 먹을 때는 우리 몸이 흡수된 알코올을 분해할 수 있어 건강에 큰 문제가 없으나 도를 넘으면 바로 역작용을 한다. 술류에 함유된 특수물질에 의한 기능성을 거론하기도 하는데, 이들 성분에 의한 순기능보다는 알코올에 의한 역기능이 더 크기 때문에 기능성 물질의 역할을 믿고 과음하는 것은 하나를 얻기 위해 열을 잃는 것과 같다. 여기에도 중용에 나오는 과유불급의 진리가 적용된다.

17. 인산염, 네거티브 마케팅과 정부의 대처

나는 오늘 아침도 커피믹스를 타서 즐거운 마음으로 그 맛을 음미하면서 마셨다. 간편하면서도 입맛에 익숙하여 매일 한두 잔은 마신다. 혹 손님을 맞거나 손님으로 대접을 받을 때도 손쉽게 양촌리 커피(커피믹스)를 애용한다. 이 커피믹스가 식품업계와 학계에 뜨거운 논쟁의 대상이 된 적이 있다. 한 업체가 제기한 커피믹스에 사용하는 인산염 때문이다.

인이 주성분인 인산염은 우리가 매일 먹는 쌀, 고기, 우유 등 거의 모든 식품에 천연 성분으로 상당량이 들어 있다. 따라서 우리가 먹는 많은 식품을 통하여 인산염 형태로 인을 섭취하고 있으며, 이렇게 인체에 흡수된 인은 성인 체중의 0.65~1.1%를 차지하며 총 무게는 700g 내외에 달한다.

인은 칼슘 다음으로 우리 몸속에 많은 무기질이다. 인체 내에서의 역할은 체액의 완충제로 작용하며, 뼈와 치아 구성으로 85%, 세포액으로 15% 정도가 이용되고 있고, 뼛속에는 칼슘보다 더 많은 인이 들어 있다. 즉, 인은 우리 몸의 생리 기능을 유지하는 데 필수 무기질이며, 부족할 경우 골격과 치아의 발육 부진, 성장 부진, 구루병과 골연화증을 유발하게 된다.

국내·외적으로 인산염은 식품 첨가물로, 안전성이 확보된 품목이며 성인의 경우 인의 권장량은 700mg/일, 상한 섭취량은 3,500mg/일로 알려져 있다. 우리나라 사람이 섭취하는 인의 양은 상한 섭취량의 34% 정도에 그치고 있다.

인산염은 식품 첨가물의 일종으로 식품에 사용하는 이유는 인산으로 신맛을 주거나(콜라), 산도의 조절, 응고 억제, 팽창제(빵 등), 침전을 막는 안정제, 유화제, 산화 억제제, 보습 등의 여러 기능을 부여하기 위해서 사용한다. 이런 기능을 식품에 줌으로써 보존 기간의 연장, 물성과 맛의 개선, 가공 편의성, 그리고 상품성 제고 등 여러 이점을 기대할 수 있다.

식품첨가물에 대하여 일반적으로 소비자는 거부 반응을 보이는데 근본적인 이유는 여러 경로를 통하여 부정확하고 부정적인 정보가 너무 많이 주입되었기 때문으로 보인다. 이런 이유로 소비자는 많은 장점이 있음에도 불구하고 식품첨가물에 대하여 전반적으로 막연하게 극도의 불신감을 갖고 있으며, 그 장단점을 상세하게 알려 줄 기회도 별로 없는 상황이다. 즉, 확실하게 알지 못하는 데서 오는 불안감이다. 한동안 문제라고 대두되었던 커피믹스에 들어 있는 인산염은 안전성을 따지는 문제라기보다는 소비자가 민감하게 느끼는 식품첨가물이라는, 거부 감정을 자극하여 상품을 차별화시키려는 상술의 한 방법으로 여겨진다. 이 차별화 시도가 단기적으로 자사의 판매량 제고에 긍정적인 영향을 줄 수 있을지 모르겠으나 전체 식품업계에 미치는 영향은 결코 가볍게 봐 넘기기 어려운 상황이다. 식품 가공업체에서는 국가가 허용한 품목과 허용량 범위 내에서 용도에 맞게 여러 종류의 식품첨가물을 사용하고 있다. 국가가 허가한 식품첨가물은 우리가 일생동안 허용된 양을 먹어도 안전성에 문제가 없는 품목들이다.

커피믹스는 현재 4800만 달러(수출입 통계, 2013)를 수출하는 가공식품 중 효자 품목으로 많은 세계 소비자에게 사랑받고 있으며, 쉽고 간편하게 즐길 수 있는 음료이다. 이 음료에 대한 부정적 광고는 우리나라 식품업체뿐만 아니라 세계적으로 부정적 이미지를 줄 것이며, 나아가 우리나라 식품업계 전반에 결코 바람직한 영향을 주지는 못 할 것이다. 또 한편으로는 한 식품 제조업체의 광고에 많은 언론과 기업체가 나서서 그 부당성을 밝히고 큰 문제가 있는 양 대처하는 것은 원 광고자의 의도에 말려드는 결과를 초래할 수도 있을 것이다.

우리나라 식품 안전을 관리하는 국가 기관이 허가한 식품첨가물에 대하여 특정 식품에 사용하지 않는다는 것을 강조하여 광고하는 것은 간접적으로 안전성을 의심케 하여 소비자의 부정적 의식을 자극하는 심리적 술수로 보인다.

이와 같은 네거티브 광고에 대해서는 앞으로 허가 관청이 신속히 명확한 입장을 밝혀 더 이상 소비자나 제조업체의 혼란을 막아야 할 것이다.

18. 참치 통조림의 수은 함량 논란

우선, 이 세상에 우리가 먹고 있는 모든 식품의 원료는 토양 등 오염 물질이 존재할 수 있는 자연에서 얻기 때문에 완전무결할 수는 없고, 단지 그 위험을 최소화하기 위해 노력한다는 것을 전제하면서, 참치 통조림에 함유된 수은 함량 때문에 논란이 되고 있는 사안에 대하여 의견을 제시하고자 한다.

수은 등 중금속은 잘 알려진 대로 오염된 식품을 섭취했을 때 배출되지 않고 체내 축적되어 만성 신경계 질환으로 운동 장애, 언어 장애, 난청 등의 증상이 나타난다. 이런 이유로 중금속 오염을 위험스럽게 여기며 국가 관련 기관에서도 관리에 크게 신경을 쓰고 있다.

참치는 좋은 횟감으로 많이 알려져 있으나 근래 상당량이 통조림으로 가공되고 있다. 참치는 등 푸른 생선인 고등어과에 속하며 남극해와 북극해 외에 전 해역에서 서식한다. 전 세계에 시장성이 있는 참치어종은 23종으로 주로 식용하는 것은 10여 종이며 품종에 따라 수명과 몸무게가 다르다. 참다랑어는 최고 몸길이 3m, 어체 중량 30~600kg, 수명은 4~11년에 이르나 주로 우리나라에서 통조림용 원료로 사용하는 가다랑어는 2~8kg에 수명은 1년에 불과하다.

일반적으로 참치의 수명과 몸무게에 따라 축적되는 수은량은 크게 차이가 나고 있다. 즉 수명이 길고 몸무게가 무거울수록 축적되는 수준도 높아진다.

현재 조사된 내용을 보면 미국에서 많이 소비하고 있는 날개다랑어(알바코어)는 수은 함량이 0.205ppm인 데 반하여 국내 통조림에 사용하는 가다랑어는 0.142ppm에 불과하다. 사용하는 원료가 차이가 나면서 미국 소비자 단체에서는 임산부들은 참치 통조림 섭취를 하지 말라는 권고를 하는 반면 미국의 식품 안전을 담당하는 식품의약품안전청(FDA)은 이를 반박하면서 임산부들도 등 푸른 생선인 참치 통조림을 섭취하여 생리 활성 기능이 있는 오메가-3 지방산이나 항산화 효과가 있는 세레늄 섭취량을 늘려 두뇌 발달 등 인체에 긍정적 효과를 기대할 수 있다고 발표하고 있다. 이에 부응하여 국내 언론에서도 이 문제를 부정적으로 다루고 있어 소비자들, 특히 임산부들은 어느 발표를 믿어야 할지 대단히 곤란스러운 처지가 되었다.

우리나라 식약처는 2009년 이래 계속하여 소비자의 수은 섭취량을 조사해왔고, 그 결과 안전한 수준임을 밝히고 있다(식약처, 2014.). 특히 우리나라에서 생산, 판매되고 있는 가다랑어 참치 통조림의 수은 함량은 0.03ppm으로 선진국이나 국제적으로 설정된 관리 기준인 1ppm보다 크게 낮은 수준임을 밝히고 있다.

국내에서 생산하는 참치 통조림은 미국의 참치어종인 알바코(날개다랑어)가 아니고 오염 정도가 제일 낮은 가다랑어이기 때문에 수은 함량이 미국산에 비하여 1/10 수준이다. 이 가다랑어

통조림(수은 함량 0.03ppm)을 먹는 경우, 몸무게 60kg인 임산부가 국제기구에서 정한 잠정주간섭취허용량(PTWI, 일주일동안 먹는 총량을 계산, 허용 수준으로 환산)에 이르려면 일주일에 참치 통조림 21.3개(150g 기준)를 먹는 양이다. 알바코 품종으로 만든 참치 통조림은 0.35ppm이므로 섭취 허용량은 훨씬 낮아지게 된다(1.8개, 270g 기준).

이런 객관적인 결과를 비교해 봤을 때 국산 참치 통조림을 통하여 수은 섭취로 인한 임산부들의 위해는 무시할만한 수준임을 알 수 있다. 사실 중금속이나 그 외 모든 위해 물질이 전연 함유되지 않은 절대 안전한 식품 원료로 가공한 제품이 가장 이상적이겠으나 우리 자연에서 얻는 모든 식품의 원료는 영양 성분과 함께 그 함량의 차이가 있을 뿐, 독성 성분도 같이 함유되고 있다. 관련 과학자들은 피할 수 없이 오염되는 독성 물질들에 대한 독성 발현량을 계속하여 연구하고 있다. 특히 국제기구인 FAO/WHO에서는 세계적인 전문가그룹을 만들어 식품 중독성 물질에 대한 조사 연구를 계속 실시하고 있으며, 이 결과를 바탕으로 일일섭취허용량(ADI, 개인이 일생 동안 먹어도 이상이 없는 양)을 정하여 인류를 독성으로부터 보호하고 있다.

독성 물질이나 위해성 미생물은 단순히 그 존재 여부가 관건이 아니라 인체 내에서 독성을 발현할 수 있는 양에 더 관심을 두어야 한다. 일정 수준 이하이면 일생 동안 섭취하여도 특이한 병적 증상이 나타나지 않기 때문이다.

참치 통조림의 경우 걱정하는 수은 함량이 국제기구가 정한 수준보다 훨씬 낮으므로 안전성에 문제가 없는 반면, 불포화 지방산, 양질의 단백질, 셀레늄 등 기능성 성분에 의하여 임산부들에게 오히려 긍정적 효과를 내고 있어 걱정 없이 섭취해도 될 것으로 판단한다. 나쁠 것이라는 심리적 거부감이 오히려 나쁜 결과를 초래할 수도 있는 것이다.

19. 카놀라유의 논란에 대하여

수입산 유기농 카놀라유 제품에 유전자 변형(GM) 원료를 사용했다고 추정하는 한국소비자원 보도가 있었다. 해묵은 GM 원료의 문제가 다시 카놀라유로 번졌다는 기분이 든다. 카놀라유는 채종유의 일종으로 독성이 있다고 알려진 에루스산(erucic acid)을 제거하기 위하여 새로 육종된 품종에서 얻은 식용유이다. 유전자 변형이 아닌 육종기법을 통하여 캐나다의 연구자에 의해서 새롭게 탄생한 품종이며 수십 년간 세계 각국에서 우수한 식물성 기름으로 애용해 왔다.

우리나라에서 사용하는 식용유지는 연간 총 90만 톤에 이르며, 이 중 콩기름(41만 톤)이 가장 많고, 채종유(유채유 또는 카놀라유/ 8만 톤)가 다음을 차지할 정도로 식품산업계 혹은 소비자가 애용하는 식용유로 큰 자리를 점하고 있다. 이와 같이 소비자가 일상적으로 사용하는 식품에 대하여 과학적으로 정확하지 않은 추측성의 정보를 발표하여 불안감을 유발시키는 것은 누구에게도 도움이 되지 않을 것이다. 아직까지 어느 나라에서도 유전자 변형 작물의 유해성이 과학적으로 확실히 밝혀지지 않은 상태에서 마치 GM 원료가 유해한 것처럼 몰고 가는 것은 옳지 않은 처사이다.

한국소비자원 발표에 따르면 일반 유채 품종의 유지 중 일반적으로 나타날 수 없는 지방산 조성으로, 특히 올레산의 함량(73.22%)이 높아 이를 근거로 GMO라고 추정하고 있다는 것이다. 특정 지방산한 성분의 함량이 이례적으로 높다고 하는 것은 과학적 검증이 필요한 것은 사실이나 이것만을 기준으로 GMO 유채씨를 사용했다고 추정하는 것은 논리의 비약이며, 과학자로서는 극히 조심해야 할 편견의 발로라고 여겨진다. 특히 공공 기관의 발표로서는 너무 성급한 결론이 아닌가 하는 생각을 떨칠 수 없다.

과학은 사실에 바탕을 두고 그 사실 내에서 의견을 개진해야 한다. 이 범위를 벗어나 특정 결론을 유도하는 가능성으로 추정한다는 것은 대단히 위험한 발상이다. 특정 지방산 함량이 높다고 하여 유전자변형 카놀라를 사용했다거나 올레산 강화 GMO콩으로 얻은 기름을 카놀라유로 속였다는 결론을 내는 것은 너무 성급하다고 생각되므로, 더 철저하고 폭넓은 조사 연구를 수행한 후 종합 의견을 개진해야 할 것이다.

유지 작물은 품종과 재배 여건, 그리고 수확 시기에 따라 지방산 조성은 크게 차이 난다는 것은 학계의 공통적인 의견이다. 가짜 참기름 혹은 혼합 여부의 판정에서도 지방산의 조성만을 판별 기준으로 삼지 못하는 이유이다.

우리나라에서 판매하는 카놀라유는 캐나다와 호주 등에서 수입하는 종실에서 추출하거나 원유를 수입하여 정제하여 상품화하고 있다. 수입한 원료나 원유가 GM 작물과 관계가 없다면 국가 신용 실추 이유를 들어 수출국과의 외교적 마찰도 크게 일어날 수 있는 상황이다. 이는 우리나라의 문제로 한정되는 것이 아니라 원료

생산국들에서 수입해 가는 모든 나라로 문제가 번지게 되며, 결국 원료 생산국에서도 초미의 관심사가 될 것이다. 이와 같은 국제적인 파장을 고려하여 이에 대한 과학적 근거를 확실히 확보하여 우리나라 소비자에게 더 정확한 정보를 제공하고 국제적으로 예상되는 문제 제기에 대하여 충분한 답을 준비해야 할 것이다. 과학자는 확실하고 뚜렷한 과학적 사실에 근거한 결과만을 발표하는 것이 정도이며, 사실 한계를 넘어선 추측성 결론은 픽션이 된다. 과학자의 가장 큰 금기 사항의 하나이다.

20. 식품안전관리 새 패러다임

기온이 낮아지면 식중독 사고가 줄어든다는 통상의 개념을 깨고 겨울철에도 학교급식 등에서 식중독 사고가 발생하고 있다. 특히 실내 기온이 높은 급식 장소는 노로 바이러스뿐만 아니라 식중독 원인균이 증식하기 좋은 조건을 만들고 있다. 이들 식품사고 방지를 위한 안전관리는 사후가 아니라 사전관리가 최선이다. 즉 사고가 나기 전에 원인 발생 가능성을 예견하여 예방조치를 하는 것이 가장 바람직하다. 그러나 이는 말은 쉽지만 실행하기는 쉽지 않은 일이다. 안전관리를 담당하는 정부기관은 사고 발생에 따른 원인 규명, 향후 필요 조치 등 사후관리에 많은 시간을 쏟고 있으나 이런 현실을 넘어 이제 어렵기는 하지만 사전관리에 더 많은 관심을 기울여야 할 때가 되었고, 관리방법을 첨단화해야 한다. 사전관리를 더 효과적으로 수행하기 위해서는 관련 분야와 협력이 절실하다.

모두 아는 바와 같이 식품의 모든 원료는 땅이나 바다에서 나오고 있으며, 이들 원료를 생산·관리하는 부서는 농림축산식품부와 해양수산부이다. 이들 부서에서 안전한 원료를 생산·공급할 수 있도록 제대로 관리하지 않는 한 최종 가공제품이 안전하다는 것을 보장할 수는 없다. 즉 식중독이나 중금속 또는 농약이 오염되었을 경우 수확 후 처리과정에서 완전히 제거하기는 지극히 어렵거나 거의 불가능하다.

식품의 안전관리는 농장에서 시작하여 식탁에 이르기까지 총망라해야하는 것은 주지의 사실이지만 이들 분야를 관장하는 정부부처의 상호협력은 미약한 것이 현실이다. 각 부처의 기능과 역점분야가 서로 다르지만 소비자는 관장 부서와 상관없이 안전한 식품을 공급받아야 하며, 정부는 안전하게 관리해야할 책무가 있다.

1차로 식품가공업체가 완전무결한 가공제품을 생산해야 하지만, 식품가공업체가 아무리 정성들여 안전한 제품을 생산했다 할지라도 저장·유통과정이 잘못되는 경우 그 안전성을 보장할 수 없다. 즉 저온저장이나 냉동보관을 필수로 하는 제품의 경우 적정온도가 유지되지 않는다면 제시한 유통기한은 무의미하다.

근래 급격히 증가하고 있는 신선과채류의 경우 원료의 생산환경·세척·유통·포장 등이 제대로 관리되지 않을 경우 자칫 큰 사고를 유발할 수 있다. 소비자도 냉장·냉동 제품의 보관 조건을 지키지 않았을 때 사고를 당할 수 있는 가능성이 높다.

여러 조건이 다른 식품의 안전성을 확보하기 위해서는 안전관리를 전담하는 부처의 역할을 넘어 관련되는 모든 부처와 소비자까지 소통하고 힘을 합쳐야 한다. 요사이 제조업 및 서비스분야에서 화두가 되고 있는 4차 산업혁명, 즉 관련 분야 간 융합이 강조되고 있는데 식품안전 관리 분야에서도 적극 도입해야 할 제도이다.

우리나라는 IT 강국이다. 이제 식품안전관리 분야에 IT를 적용하여 관리방법을 선진화해야하며, 이를 위하여 모든 관련정보와 사물 간

정보교환이 가능한 사물인터넷(IoT, Internet of Things) 기술을 도입하여 관련부서가 함께 참여하는 여건 조성이 필요하다.

원료생산 상태가 센서를 통하여 정보가 입력되고 수송 및 보관 시 온도가 실시간 전송되어 집적되고, 가공 공장에서는 HACCP에서 CCP가 현장에서 기록·분석·종합되어 컨트롤 타워로 전송되어야 한다. 매일 제조업체에서 생산량이 집계되고, 이 결과가 판매처와 연계되어 계획 생산이 되어야 유통기한 경과에 의한 사고를 막고 손실을 최소화 할 수 있다.

앞으로 원료가 생산되는 토양의 중금속이나 농약 분석 결과가 연계되어 위험성 있는 지역의 생산이 제한되는 방안을 마련해야한다. 나아가 식중독 미생물이나 오염화합물질을 현장에서 바로 감지할 수 있는 센서 개발도 서둘러야한다. 포장제품의 유통과정 중 변질 여부를 육안으로 감별하고 경고 할 수 있는 기법도 적용되면 식중독 사고를 획기적으로 낮출 수 있는 것이다.

식품안전관리 선진화를 위하여 관련 과학 분야 간 융합관리가 필수이며, 이를 위하여 모든 국내외 정보의 수집·관리·연결, 그리고 관여하는 사람과 사람·필요한 사물과 사람·사물과 사물이 서로 연계 가능한 사물인터넷 개념이 신속히 적용되어 플랫폼을 형성해 모든 정보가 공유되는 장을 만들어야 한다.

제3장

전통발효식품 찬가

1. 전통 발효식품산업을 키우자

매일 먹는 먹을거리의 종류에 따라 우리 몸은 외형적으로 나타나는 변화가 있어 그 영향을 쉽게 감지할 수 있으나 유전인자에 의한 다름은 바로 알기는 어렵지만 시간이 지나면서 서서히 나타난다. 근래 섭취하는 식품에 따라 유전인자가 변한다는 것을 과학이 밝히고 있다.

이런 사실을 알고 나니 우리가 수천 년 매일 먹어 왔던 여러 음식들 특히 4대 전통 발효식품, 즉 김치·장류·젓갈·식초는 한민족의 유전인자에 큰 영향을 미친 음식들이라 여겨진다. 수십 년 외국 생활을 한 사람도 고향의 맛이 유전자로 각인되어 있기 때문이 아닌가 한다.

전통 발효식품은 우리 식문화의 뿌리면서 모든 음식의 바탕을 이루고 있다. 밥상에는 김치가 있어야 하고, 음식의 간을 맞추는 데는 간장이 제격이다. 매운맛과 감칠맛을 내는 데는 고추장과 젓갈이 아니면 독특한 맛을 낼 수 없다.

전통 발효식품은 오묘한 복합미를 갖고 있다. 콩·채소류·어류·곡류를 원료로 이용하면서도 발효 과정을 거치고 나면 본래의 성질이 변해 완전히 새로운 산물을 만들어 낸다. 콩을 원료로 한 장류는 그 특성이 원료와 다르고, 배추와 김치도 같다고 할 수 없으며, 멸치와 멸치젓은 맛이 크게 다르다.

최근 연구 결과에 따르면 이들 발효식품은 암의 발현을 억제하고, 심혈관 질환을 줄여주며, 비만을 막아 주고, 혈중 콜레스테롤을 낮추거나 면역력을 강화시키는 등 긍정적 역할을 하고 있다. 하지만 전통 발효식품을 접하는 젊은층의 태도는 예전 같지 않다. 여러 요인이 있겠지만 서양 음식이 일반화되면서 전통의 것이 밀려나고 있다. 이러다가는 서양식에 따른 유전 인자의 변화로 고유 민족성까지 달라지지 않을까 걱정스럽다. 변하는 것을 억지로 막을 방법은 없지만 우리 전통식품을 젊은 세대가 받아들일 수 있게 우리 모두가 함께 노력할 필요가 있다.

우리의 정신 깊숙한 곳에 자라잡고 있으며, 조상의 얼이 담긴 전통 발효식품을 지켜내야 한다. 앞으로 더 넓게 발효산업을 조망하고 이를 바탕으로 새 성장산업으로 발전시켜야 한다. 우리 것을 바탕으로 새 아이디어를 도입해 산업화하여 우리 전통 발효식품이 미래 성장산업으로 도약하는 전기가 됐으면 한다.

2. 전통 발효식품의 저염화에 대하여

음식에서 섭취하는 염(식염)의 양을 줄이고자 하는 국내·외적인 저염식 운동이 드세다. FAO의 소금 권장량이 5g(나트륨으로 2000mg)인데, 우리나라 사람들이 실제 먹는 양이 10~12g으로 권장량의 배를 넘어서고 있어 보건 당국이 우려하고 있다. 과량의 소금 섭취는 고혈압·심장병·신장 질환 등과 관계가 있고, 여러 암 등 만성병의 원인이 되고 있다는 것이 학계의 정설이다. 따라서 식약처를 비롯해 영양 관련 단체에서도 우리 식단의 저염화를 위해 끊임없는 노력을 하고 있다.

그러나 소금은 인류가 사용하기 시작한 최초의 조미료이면서 음식의 간을 맞춰 주어 맛을 좋게 하며 생리적으로는 다른 성분이 대체할 수 없는 중요한 생명 유지 기능을 하고 있다.

하루 1~2g의 소금은 인체 생리상 필수량으로 알려져 있으며, 이를 넘는 과량의 기준은 아직까지 학자마다 다른 의견을 제시하고 있다.

심장질환이 있는 전 세계 28,880명을 대상으로 실험한 결과, 요에서 배출(소금은 섭취된 후 전량 요와 변으로 배출된다)되는 나트륨의 양이 4~7g(소금으로는 10~15g)인 경우 사망률이 가장 낮고, 섭취량이 더 낮거나 높아지면 사망률이 상승하는 'V'자 곡선을 나타내고 있음을 밝히고 있다(오도넬, 2011.).

또한 간과해서는 아니 될 것은 우리 식단의 구조이다. 인체는 평형을 유지하기 위하여 나트륨(Na)과 칼륨(K)의 적정 비율을 원하고 있는데, 칼륨 함량이 높은 채소류 중심의 식사 형태는 육류식보다 나트륨 섭취를 높여야 한다는 것은 정설이다.

보통의 한국인 식단을 자세히 살펴보면 밥을 중심으로 하면서 육식 위주가 아닌 채소 중심의 반찬 문화가 발달하였고, 이 식단의 구성은 앞으로도 그렇게 쉽게 변화가 올 것이라 여겨지지 않는다. 그리고 세계적인 건강식은 채식 위주가 되고 있는 것을 모두가 잘 알고 있어 우리는 전통적으로 건강식을 즐기고 있는 것이다. 건강식인 채식 위주의 식습관을 유지하되 염의 섭취량을 줄여야 하는 딜레마에 빠져 있다.

우리나라 사람들의 채소 섭취 형태는 일부 건조제품을 제외하면 어느 형태로든 식염에 절여 그대로, 또는 일정 기간 발효하여 새로운 맛을 창조하는 오묘한 지혜를 발휘하였다. 채소류는 그 특성상 수분함량이 90% 내외로 장기간 저장이 불가능하여 사계절이 뚜렷한 우리나라 기후 여건에서는 겨울에 신선한 채소를 먹기가 어려워 갈무리하는 방법으로 염절임 방법이 도입되었고, 절임 중 자연 발효에 의한 독특한 발효 식품이 탄생하면서 세계에 유래가 없는 채소 발효식품 문화를 탄생시켰다.

밥과 함께 반찬으로는 염절임 발효식품이 아주 제격의 음식이 되었다. 염절임에 의해서 채소류 부패에 관여하는 미생물의 성장을 억제하고 염에 견디는 젖산균이 선택적으로 증식하여 맛과 향이 독특한, 원료와는 크게 다른 기능성 젖산 발효 김치를 탄생시킨 계기가 되었다.

우리나라는 발효식품 문화권이다. 특히 5대 발효 식품인 김치·장류·젓갈·식초와 개념은 조금 다르지만 주류 등으로 식초와 주류만 제외하면 모두가 변질이 쉬운 원료를 사용하였고, 부패를 방지하면서 발효를 유도하기 위한 매체가 바로 소금이 되었다. 삼면이 바다인 우리나라에서 소금은 서해안과 남해안에서 풍부하게 생산되므로 식재료를 얻는데도 큰 어려움이 없어 수천 년간 우리 식탁을 지켜왔고 우리 건강을 책임져 온 음식이 염절임 발효식품이다.

그런데 이 채소 발효식품의 원천이 되고 있는 소금이 논란의 대상이 되고 있다. 특히 과도한 소금 섭취의 원인 식품으로 우리 전통 발효식품이 지목받고 있어 거부감이 일고 있다. 수천 년간 잘 먹어 왔고 우리 식탁을 건강하게 지켜왔던 식품들이 건강을 해치는 주범으로 몰리고 있으니 말이다. 이제 냉정히 우리의 식생활 현실을 깊이 해량해보고 모두가 만족할 수 있는 길을 찾아야 한다. 장류와 젓갈은 발효 온도와 관여 미생물 등 발효 여건을 개선하고 제품의 살균처리와 같이 변질을 일으키는 원인을 제거하는 수단을 동원하면 지금의 염 농도에서 상당히 낮출 수 있는 가능성이 있다.

그러나 김치는 상황이 상당히 다르다. 우선 다른 발효식품과 다르게 김치는 살아서 계속 변화하는 식품이고, 살균하면 그 특성을 잃는다. 발효에 관여하는 미생물이 살아있고 발효과정에서 생성된 물질이 계속 변화하고 있다. 또한 김치는 맛, 향과 함께 소금이 관여하여 아삭아삭한 조직을 갖게 하므로 식감에 결정적 역할을 한다.

저염 김치로 소금 함량 1% 내외를 제시하는 방안이 거론되고 있으나 이런 방안이 확정되기 전에 몇 가지 심각하게 검토할 사항이 있다. 첫째, 보존성 문제이다. 염 농도가 낮아지면 변질 관여 미생물의 성장은 억제할 수 없어 부패되어 더 큰 문제를 일으킬 수 있다. 둘째, 저장기간이 지극히 짧아 자원 낭비가 심해진다. 셋째, 다양한 젓갈 등 부재료 사용이 제한되어 김치가 획일화될 우려가 있다. 넷째, 기존 소비자의 맛 기준에서 멀어져 상품성이 떨어져 우리가 생산하는 김치가 경쟁력을 잃게 된다.

우리는 지역별로 독특한 김치를 만들어 먹고 있으며, 향토 특산물로 즐기고 있다. 이들 특산화 된 김치의 특색 중 염의 차별화가 한 요인이 되고 있다. 오랜 역사를 갖고 있는 우리 전통식품의 가장 근본 맛인 짠맛을 관리하는 데에는 깊은 고뇌와 과학적 연구 결과가 뒷받침되어야 할 것이다. 선불리 가이드라인을 제시하여 강제할 수는 없다. 김치는 세계인의 입맛을 지금의 상태로 사로잡았고, 한국을 대표하는 식품으로 1억700만 달러를 5대양에 수출(2012)하는 효자 상품이다. 이제 김치는 우리만의 식품이 아니다.

3. 김치의 위생 안전성

김치만큼 우리 민족의 식생활에 끼친 영향이 큰 식품도 없을 것이다. 하루도 우리 밥상에서 빠질 수 없고, 김치가 있어야 흰 쌀밥이 그 가치를 발휘한다고 여기고 있다. 아마도 일 년 내내 끼니마다 먹어도 질리지 않는 것이 밥이요, 김치이다. 김치에는 우리가 말하는 오미(달고, 시고, 짜며, 쓰고, 매운)가 고루 갖춰져 있으며, 원·부재료의 조성과 발효 조건에 의해서 맛이 크게 달라지는 오묘한 발효식품의 특징을 모두 갖추었다.

고추가 우리 식생활에 도입되기 전에는 채소류는 여러 형태의 절임으로 이용되었던 것이나, 대표적인 매운 맛의 고추가 우리 식생활에 일반화되면서 한국인의 식단 모습을 완전히 바꾸어 놓은 식재료이기도 하다. 김치가 더욱 신비한 것은 주재료는 배추 등 채소이나 여기에 다양한 부재료가 혼합되면서 조화를 이루고 균형을 갖춘 영양식으로 다시 탄생하기 때문이다. 이렇게 조합된 혼합물이 다시 발효과정을 거치면서 유익 미생물의 작용으로 새로운 맛과 향이 생성되며, 우리는 이 음식을 가장 주요한 반찬으로 이용하고 있다.

이와 같은 생성된 성분의 특성에 더하여 김치 발효에 주로 관여하는 살아 있는 젖산균은 섭취 시 우리 소화 장기 내에서 유해 미생물의 증식을 막고 면역 기능의 항진 등 또 다른 기능을 보이고 있다.

그런데 김치와 비슷한 유형인 일본의 아사즈케(채소를 얼간한 것)를 먹고 8명이 사망한 사건이 일본 홋카이도에서 발생한 적이 있다. 이 아사즈케는 우리 김치와는 구성과 제조 방법이 많이 다르긴 하나, 채소류를 근간으로 하는 것에서 김치도 그 안전성에 대하여 되짚어 보는 계기가 되었으면 한다. 수백 년 동안 먹어왔기 때문에 김치의 안전성은 완전히 확보되었다고는 하지만, 과학의 깊이가 모든 식품의 안전성에 미치는 세세한 부분까지 밝히고 있으므로, 긴 역사만을 바탕으로 안전성을 미루어 놓을 수는 없다.

김치는 사용하는 주재료인 배추는 물론 부재료로 많이 사용하는 고춧가루, 마늘, 생강, 파, 여러 해산물, 과실 등 어느 것 하나 가열 처리하여 유해 미생물을 관리할 수 있는 과정이 없다. 이들 모든 원·부재료는 땅에서 생산되므로, 땅에 함유된 미생물이나 유해 물질이 오염되어 최종 제품에 혼입될 가능성은 항상 있다고 봐야 한다. 인분을 많이 사용했던 과거에는 기생충 오염원으로 각종 채소류와 그 가공식품이 주목되었으나, 채소류 생산 시 비료원으로 인분 사용이 없어지면서 이제 그런 위험성은 극히 낮아졌으나 일본의 아사즈케 경우와 같이 축분 등에서 오염된 것으로 추정하는 병원성 대장균 등 식중독 미생물에 의한 식중독 사고는 비가열 채소류를 많이 먹는 우리에게도 경고의 뜻이 된다.

이미 유럽에서도 2011년 새싹에 오염된 병원성 미생물로 많은 사람이 병원 치료를 받았으며, 52명이 사망한 사고가 있었다. 2012년 8월에도 삿포로 시에서 피클에 의한 사고도 병원성 대장균 오염이었다.

다행히 김치의 위생에 관한 연구 결과에 의하면, 김치에 오염된 식중독균은 극히 일부 내열성이 있는 포자 형성균을 제외하고는 예외 없이 발효 1~2일 후에는 거의 사멸한다는 것을 확인한 바 있어 적절한 발효과정을 거치면 김치에서 병원성 대장균 등 식중독 미생물에 의한 위험은 사라질 것으로 여겨진다.

김치의 명성을 계속 유지하고, 주식에 버금가는 김치의 안전성 확보는 아무리 강조해도 지나치지 않는다. 확실한 안전성을 담보하기 위하여 사용하는 모든 원·부재료에 대한 위해 인자의 사전 제거가 필수이며, 이를 위하여 사용하는 비료, 농약 등과 함께 재배 환경의 관리가 우선되어야 한다. 또한 김치 가공공정 중 차아염소산나트륨 등 허가된 살균제를 함유한 세척수로 철저한 세척 등 오염량을 최소화할 수 있는 방법을 적극 도입해야 한다.

이제 세계 식품화한 우리 김치의 안전성을 한 단계 높이기 위해서는 식자재 생산자, 가공업체, 법적으로 규제 관리할 국가 기관의 유기적인 협조 체계가 효율적으로 작동되어야 할 것이다.

4. 발효식품과 건강

발효식품은 수천 년 이어져 온 우리 식생활에서 가장 기본적인 부식이요, 반찬이면서 조미원이다. 우리나라 4대 발효식품은 장류·김치·젓갈·식초를 들 수 있으며, 한식의 기본이 되고 있다. 막걸리를 포함한 모든 술은 발효산물이긴 하지만, 알코올 음료로 분류되어 음식의 범주에 넣기는 적절치 않다.

'발효식품' 이란 살아 있는 미생물이나 미생물이 생산한 효소작용에 의해서 식재료가 어느 형태로든 변화를 일으킨 상태의 것을 말한다. 이들 미생물이나 효소가 작용하여 인간이 원하는 방향으로 원재료를 변화시키기도 하고 전혀 원하지 않은 길로 들어서서 쓸모없게 만들기도 한다. 인간 기준으로 좋게 변하는 것을 발효라고 하고, 그 반대 방향을 부패로 분류하여 호(好), 불호(不好)를 나누고 있다.
우리나라의 발효식품은 그 뿌리가 모두 전통식품이며, 서양에서 전래된 빵, 요구르트, 햄 등 육류제품도 발효식품으로 분류되어 이제 발효식품은 소비자가 선호하는 식품이 되고 있다.

우리의 전통 발효식품은 장류의 기본이 되는 메주와 어류로 만든 젓갈과 식초·김치 등은 모두 자연발효가 일어나는데, 발효과정 중 다양한 미생물의 활동으로 여러 종류의 새로운 물질이 만들어진다. 이런 물질 중에는 김치의 신맛을 내는 유기산(젖산)이나 장류,

젓갈에서 감칠맛의 원인 물질인 아미노산이나 펩타이드, 식초에서 신맛을 내는 초산 등과 함께 후각을 즐겁게 하는 여러 향기 성분을 만들어 발효식품의 특징적인 맛과 향을 내게 된다. 따라서 발효식품은 미생물과 효소가 계속 활동하는 살아 있는 식품으로 시간이 지나면서 계속 변화를 일으킨다. 즉, 김치가 시어진다든지 된장과 고추장의 색깔이 변하고 오래 놓아둔 젓갈이 곰삭아서 맛이 좋아지는 것은 모두 계속되는 변화의 산물이라 할 수 있다.

발효식품은 인체에 여러 가지 긍정적인 영향을 준다. 섭취했을 때 소장 내에서 소화 기능을 도와주는 효소가 있는가 하면 미생물이 1차 분해해 놓았기 때문에 소화가 잘 될 뿐만 아니라 새로운 비타민을 생성하는 등 필수 미량성분을 공급하기도 한다. 특히 장류는 콩의 주성분인 단백질을 분해하여 심혈관 질환, 면역 기능의 강화, 항암효과가 있는 등 여러 기능이 있는 성분을 새롭게 만들어 내기도 하며, 고추장은 매운맛 원인 성분인 캡사이신에 의해 비만 억제 효과가 입증되기도 하였다. 미생물이 한 번 소화시켰기 때문에 발효식품을 먹고 체하는 경우가 없고, 인체에 유익한 미생물이 증식되어 있어 식중독 균이 경쟁하기 어려워 식중독을 발생하는 경우는 없다.

우리나라 전통 발효식품의 특징은 순수한 균을 선택적으로 사용하는 개량식 발효식품과 달리 수많은 유익한 천연 미생물이 관여한다는 것이다. 이들 미생물은 식품의 발효뿐만 아니라 경우에 따라 특수 물질의 생산 등 새로운 기능을 갖는다는 것이 많은 학자에 의해서 알려지고 있다. 특히 발효식품에 들어있는 미생물들이 우리 장내에 들어가 유해 세균의 증식 억제에 관여하여 장 건강을 유지하고, 이에 따라 우리의 건강 수명을 연장시키는 기능이 있다고 생각된다. 우리나라 사람들의 평균 수명이 늘어나는 원인으로 발효식품을 많이 먹기 때문이라는 것도 이유 있는 근거로 여겨진다. 그러나 세상만사가 호사다마라 미생물의 작용이 좋은 것만 있는 것은 아니다. 곰팡이에 의한 진균독, 식중독 미생물의 혼입, 발효 중 생성되는 유해 화학물질 등은 계속 주의해야 한다.

발효식품은 식품 자체와 함께 관여 미생물과 기능성 발효산물 등을 복합적으로 연구할 필요가 있으며, 이를 위하여 국가 차원에서 각 분야별 창조적인 융합연구가 필요하고, 젊은 과학자들이 이 분야에 일생을 걸어 볼 가치가 있다.

5. 발효식품의 글로벌화

발효식품의 역사는 인간의 먹을거리 역사와 함께한다. 최초의 발효식품은 과실이 원료인데, 대표적인 것이 포도주로 추정된다. 인간의 지혜가 발달하면서 다양한 발효제품이 개발되었고, 지금도 그 폭을 넓혀가고 있다.

인간이 식품의 원료를 생산하여 먹기 시작한 것이 8000~1만 년 전부터로 추정되며, 중동에서 시작한 토기가 기원 전 5000년 근방에서 시작된 것으로 보고 있는데, 발효식품도 그 때부터 지금까지 인간과 함께 한 식품으로 생각된다.

세계 여러 지역에서 만들어 먹고 있는 발효식품은 그 사용 원료에 따라 유제품, 채소식품, 육제품, 쌀·콩을 포함한 곡류 제품 등이 있다. 그 외 발효 기술을 이용하여 인간에게 혜택을 주는 것은 감칠맛 조미료로 사용하는 핵산이나 아미노산류, 식초를 포함한 산미료, 증점제 등 각종 식품첨가물들이 생산되어 우리 식생활을 풍요롭게 하고 있다.

이와 같이 발효 기술을 이용하여 인간에게 이익을 주는 제품은 실로 다양하고, 기술도 눈부시게 발달하고 있다. 원시 시대에는 그냥 자연에 의존하여 발효식품을 얻었으나, 1683년 네덜란드 사람인 레벤후크가 현미경으로 미생물을 확인하고 식품의 부패, 발효가 모두 미생물의 작용이라는 것이 밝혀지면서 미생물이 발효식품의 운명을 좌우하는 중요한 인자라는 것을 알게 되었다. 서양의 앞선 과학 기술 덕택에 미생물을 관리하고 통제함으로써 발효제품의 품질 균일화와 고급화를 가능하게 하였으며, 새로운 제품 개발도 폭넓게 이루어지게 되었다.

서양에서는 이제 포도주 발효나 맥주 발효에 선발된 미생물을 이용하여 발효하는 것이 일반화되었고, 오랫동안 자연 발효에 의존하였던 치즈와 요구르트도 우수 균을 접종하여 제품을 만드는 것이 보편화되었다. 동양에서도 일본을 중심으로 장류 발효에 다양한 우수 미생물을 이용하는 발효 기술을 먼저 도입하여 세계 시장에서 일본의 장류가 대표 주자가 된 계기가 되었다.

우리나라는 발효기술을 이용한 다양한 식품을 먹어온 역사가 일본보다 훨씬 앞섰음에도 불구하고 발효기법의 과학화가 늦어지면서 우리 발효식품을 세계화하는 데 뒤지는 결과를 초래하였다. 그 대표적인 예가 간장·된장 등 장류와 백제의 우리 조상이 알려준, 쌀을 원료로 한 청주가 세계에 알려진 일본의 대표적인 술이 되었다. 이들 기법을 바탕으로 일본의 발효기술은 세계에서 으뜸이 되고 있으며 관련 제품을 수출하여 경제적 이익과 함께 자국의 식문화를 세계에 알리는데 기여하고 있다. 이제 우리도 전통 발효식품 중 김치와 고추장 등을 지키기 위해서 뒤늦은 노력을 하고 있는 중이다.

사용하는 원료가 우유로 비교적 단순한 서양의 치즈나 요구르트, 고류를 사용하는 맥주, 과실을 원료로 한 포도주와는 다르게 우리의 김치나 고추장·젓갈 등은 원료가 매우 다양하여 한 두 미생물을 관리하여 전체 발효과정을 조정한다는 것은 어렵다고 여겨왔다. 그런데 최근 일부 기업에서 김치 발효도 종균을 이용하여 품질 관리가 가능하고, 한 대학의 연구 결과에 의하면 고추장도 균 관리로 품질관리를 할 수 있다는 것을 증명하면서 새롭게 우리 전통 발효식품의 장을 열고 있다. 사실 발효가 미생물과 이들 미생물이 생산하는 효소에 의해서 이루어지기 때문에 미생물과 효소를 적절히 관리하면 우리가 원하는 방향으로 품질을 조정할 수 있는 가능성은 있으며, 이 일을 근래 앞선 생명 공학기술이 해결할 것이라 믿고 있다. 각국의 전통 발효식품은 아직도 조상 대대로 내려온 기법을 그대로 전수하여 이용하는 경우가 많다. 특히 일상 식생활에 많은 발효식품을 이용하는 동남아의 경우 최근에 들어 자연 발효를 인위적으로 관리하고 과학화하려데 노력하고 있다. 특히 채소나 생선을 이용한 발효식품 등은 아시아에서 오래 전부터 많이 소비되고 있으며, 중국에서는 만리장성 축조 때 사용되었을 것으로 추정되는 채소류 발효 항아리를 발견하기도 하였다. 또한 이들 지역에서 풍부하게 생산되는 쌀과 생선을 혼합하여 발효한 제품이 자주 나타난다. 한국에서는 식해가 대표적인 식품인데, 젓갈은 생선의 자가 소화 기능과 미생물을 함께 이용하는 좋은 예가 될 것이다.

발효식품의 특징은 사용하는 원재료가 갖고 있지 않는 새로운 성분이 생성되어 미묘한 맛과 향으로 인간의 미각과 후각에 오래 각인되어 일생동안 잊지 못하는 기억을 갖도록 하는 데 있다. 발효식품에 길들여진 사람은 그 오묘한 맛과 향에 심취하고, 또 깊은 맛을 잊지 못하게 된다.

이런 발효식품의 특징을 상품화에 적용하면 우리 식품을 세계 식품화하는 데 큰 도움이 될 것이다. 세계 식품화 된 김치가 그런 과정을 거쳤고, 제2의 세계 식품화 가능성이 있는 장류, 특히 고추장도 우리의 슬기를 모아 세계인의 식탁에 발효 향신 조미료로서 자리를 굳혀야겠다.

발효식품을 개발하고 발전시키기 위해서는 관련되는 다양한 미생물과 효소에 대한 깊은 연구가 중요하기 때문에 발효기술은 식품뿐만 아니라 약품, 효소 등 관련 산업에까지 그 영역을 넓혀 갈 수 있어 발효식품을 발전시키는 것은 관련 산업을 동시에 크게 진작 시킬 수 있다. 세계인의 입맛을 사로잡는데 우리 발효식품이 큰 몫은 할 수 있음을 믿고 있으며, 이 산업을 발전시키는 것은 식문화의 수출이라는 개념과 함께 우리 관련 산업을 크게 진작시킬 수 있는 가능성이 있다는 것을 강조하고 싶다.

6. 쌈장 찬가

요즈음 외식업체나 가정에서 쌈장의 인기가 높아지고 있다. 장류 전체로 보면 수출을 제외하고 국내 시장에서 매출액 규모가 크게 늘고 있지 않아 어찌 보면 포화 조짐을 보이는 데도 불구하고 쌈장의 선호도가 높아지는 이유는 몇 가지가 있을 수 있다. 즉 각종 채소류 쌈을 좋아하는 우리 식단에 꼭 맞는 조미 매체이며, 여러 감칠맛 나는 부재료를 배합하여 소비자의 구미를 맞춘 다양한 제품이 개발된 결과로 여겨진다.

법적으로 쌈장은 혼합장의 일종으로 장류가 50% 이상 함유된 조합장으로 분류된다. 예로부터 우리나라에는 이미 찍음장·담북장 등이 있는데, 메줏가루에 고춧잎·무말랭이·가지 등 각종 채소류를 혼합하고 소량의 간장을 넣고 복합 발효를 거쳐 속성 발효로 손쉽게 먹을 수 있게 만들었다. 이들 음식은 50~60년대까지만 하더라도 일상식으로 알려져 있어, 이미 친숙한 반찬이었으나 지금은 특수한 맛집을 제외하고 찾아보기 어려운 식품이 되었다. 전통 혼합장의 일종인 쌈장은 가정에 따라서는 상추나 쑥갓, 배추쌈을 먹을 때 상품화된 제품 대신 주부 나름대로 된장·고추장·참기름·파·마늘을 섞어서 독특한 맛깔스런 쌈 전용 장을 만들어 먹고 있으며, 이 쌈장에 따라 쌈의 맛이 좌우된다는 것을 우리는 알고 있다. 별로 독특한 맛이 없는 채소에 향과 맛을 부여하여 우리 구미를 돋우는가 하면 채소 섭취를 늘려 우리 건강을 챙겨 주는 큰 역할을 하기도 한다.

근래 들어 장류인 간장, 된장, 고추장 등과 같이 쌈장도 많은 장류 제조업체에서는 쌈장을 상품화하고 있는데, 국내 된장의 연간 생산량이 9만3000 톤(2011) 정도인데 비하여 혼합장은 7만 톤에 이르며, 이 중 6만 톤 이상이 쌈장이다. 매출액 기준으로 보면 쌈장의 가격이 된장의 1.5~2배가 되어 된장 매출액의 규모를 넘고 있으며, 국민 1일 소비량도 고추장 5.7g, 된장 6.2g이며, 쌈장이 2.4g(국민영양통계, 2009) 수준으로 외식 활성화 경향에 따라 매년 증가하고 있는 현상을 보이고 있다.

쌈장은 주원료가 된장이나 여기에 다양한 부재료, 즉 향신료와 조미 재료를 첨가하여 아주 독특한 향미를 부여할 수 있는 특징이 있다. 특히 늘어나고 있는 육류 소비에 맞춰 고기용과 채소용으로 특화되고 있으며, 그 외에 차별화된 쌈장을 개발할 수 있을 것이다. 앞으로 된장의 순한 맛과 독특한 향미를 살리면서 같이 먹는 음식의 특성을 돋보이게 하는 성질을 활용하여 더 많은 제품이 출현할 것으로 기대한다.

특히 쌈장은 고추장과 같이 외국인에게 친숙하지 않은 매운 맛이 덜하고 거북하고 독특한 발효취를 다른 향신료로 순화시켜 쉽게 접근할 수 있으며, 콩을 발효하여 만든 기능성이 잘 알려진 된장의 특성을 모두 살린다면 외국 수출 상품으로도 가능성이 높다고 여겨진다. 현재 수출되는 제품은 교포 상대가 많으나 주류 시장에 뛰어들기 위해서는 현지 소비자의 식단을 잘 이해하여 그들 식탁에 어울리는 맞춤형 제품을 개발하여 침투할 필요가 있다.

사실 서양의 개념으로는 쌈장은 소스의 일종이다. 채소류에 새로운 맛과 향을 부여하여 채소류의 기호성을 높이고 차별화를 시도하기 때문이다. 잘 알려진 대로 세계 소스 류는 거대 시장을 이루고 있으며, 세계 몇 제조업체가 대부분의 시장을 독점하고 있는데, 이 시장에 우리의 쌈장이 한 자리를 차지할 수 있는 가능성은 높다고 생각된다. 그러기 위해서는 국가별 식단의 치밀한 조사와 현지 식에 맞는 특화된 제품 개발이 뒤따라야 할 것이다. 또한 외국인들이 선호하는 정향, 타임 등 향신 조미원을 폭넓게 발굴, 이용할 수 있도록 이 분야 연구도 함께 병행해야 할 것이다.

7. 우리 전통 발효식품 두들기지 말라

수천 년 간 우리 민족이 먹어왔고 밥상에서 가장 큰 사랑을 받아왔으며, 입맛을 돋우면서 건강을 챙겨주고 우리 식탁을 풍요롭게 해 왔던 우리의 대표 전통 발효식품, 즉 김치·장류·젓갈 등이 고염식품의 표적이 되고 있고 있다. 즉 식염 함량이 높아 과량의 나트륨을 섭취하게 만드는 주요 식품으로 지목되고 있으며, 심지어 염 사용량을 줄이기 위하여 등급을 매기자는 의견도 제시되고 있다. 문제가 되는 것은 식염 중 나트륨으로 지금까지 알려진 과학적 사실은 양면성이 있다. 섭취량이 너무 낮으면 인체에 심각한 생리 이상이 생겨 생명까지 위협하는가 하면 과량 섭취 시 고혈압 등 만성 질환의 원인이 된다고 알려져 있다. 세계적으로 적당한 나트륨 섭취량은 평균하여 제시(나트륨 량으로 2000mg, 모든 사람에게 적용될 수는 없다)되어 있고, 우리나라 사람들의 평균 섭취량이 알려진 적정량보다도 높다는 것 때문에 우려를 표시하고 있는 현실이다.

그렇다. 지금까지 알려진 사실에 입각하여 소금, 즉 나트륨 섭취량을 줄여야 한다는 것은 바람직한 조치이다. 그러나 무작정 모든 식품을 대상으로 저염화를 시도한다는 것은 옳지 않다. 특히 전통 발효식품은 특징과 기능, 안전성 등을 폭넓게 깊이 검토하고 과학적 실험 결과를 바탕으로 의견을 내야 할 것이다.

지금의 전통 발효식품은 음식이면서 우리 민족이 공유한 식문화의 뿌리를 이루고 있음을 알아야 한다. 전통 발효식품의 특징은 오랜 시간 삭히고 뜸 들여 만들어진 고유한 맛과 향기, 적절한 수준의 짠맛이 어우러진 복합적이고 오묘한 조합의 결과이다.

전통 발효식품에서 주요한 구성 성분인 소금의 함량이 낮아질 때 일어나는 부작용을 검토해 보아야 한다. 첫째, 절임의 기본 기능이 달라질 수 있다. 즉 채소나 생선 등은 절임을 통하여 독특한 조직이 만들어지는데, 이 특성이 달라져 제 기능을 잃어 독특한 물리적 특성을 잃게 된다. 둘째, 발효 관여 미생물의 변화이다. 우리 주위에 있는 모든 미생물들은 녹아 있는 소금의 농도에 따라 증식하는 종류와 속도가 달라지는데, 다행스럽게도 유익한 미생물, 즉 젖산균 등은 염 함량에 큰 영향을 받지 않고 더 잘 증식하는가 하면 식중독균을 포함한 부패성 미생물들은 생장을 억제한다. 따라서 염을 줄일 경우 안전에 심각한 문제가 될 수 있는 가능성이 있다. 셋째, 저염화 되었을 때는 저장성에 영향을 받는다. 저염의 경우 부패성 미생물 증식 억제 기능이 약화되어 저장성에 큰 영향을 주기 때문이다. 넷째, 소금 농도 변화에 따라 발효에 관여하는 미생물이 변하게 되면 맛을 유지하는 것이 어려울 수 있다. 우리 전통 발효식품은 많은 미생물의 작용에 의하여 독창적이고 차별화된 고유의 맛과 향을 갖는 식품이 완성되는데, 미생물의 종류와 양 등이 달라지면 자연히 김치의 맛도 변하게 되어 고유의 풍미를 잃을 수 있다.

근래 발표된 의학 분야 여러 연구 결과에 의하면 소금의 폐해를 제시하는 경우도 있으나 낮은 섭취는 오히려 사망률을 높이고 적정량을 넘어 너무 지나치는 경우 다시 높아진다는 결과이다. 적정 수준은 국제적으로 알려진 소금 권장량보다 높다. 고혈압, 당뇨 환자에서 사망률이 가장 낮은 경우 소금 섭취량이 11.5g인 경우였다. 즉 일정 수준의 염 섭취(현재 권장량보다 높다)는 사망률을 낮추고 건강 기능성을 높인다는 의견도 있어 소금 섭취량을 결정하는 데는 모든 변수를 감안하여 조심스럽고 과학적으로 검토되어야 한다.

특히 우리 전통 발효식품의 경우 한국인의 식습관, 즉 채소를 많이 먹어 칼륨과 나트륨의 균형, 발효로 새롭게 생성된 여러 성분과 염의 관계, 실제 섭취량, 최종적으로 소비자에게 먹는 양을 결정하는 선택권이 있다는 것을 감안하여 종합적인 접근이 필요하다.

종합적인 연구결과에 기초하지 않고 수천 년 이어온, 민족의 얼과 혼이 담긴 우리 전통 발효식품을 자꾸 두들기지 말자. 김치 하나로 1억 달러 넘게 수출하고 있으며, 한국의 대표 식품이 된 이 시점에서 이제 세계인의 식품이 되었고, 지금의 상태로 세계인의 입맛을 사로잡고 건강식품으로 자리 잡고 있다. 여기에 찬물을 끼얹지 말자.

8. 장내 균총과 건강

이 지구상에 존재하는 생명체 중 가장 하등 생물은 미생물로 알려져 있다. 하등 생물이긴 하지만 이 행성의 최초 주인이자 가장 긴 역사를 갖는 모든 생명체의 모체라고 진화론에서는 주장한다. 지구에 존재하는 미생물의 수는 전 사막의 모래 알 보다도 많다고 하니 그 수를 감히 헤아릴 방법이 없을 것 같다는 것이 학자들 주장이다. 현재 인간이 확인한 균속(균의 성씨)은 1900개이고, 이름까지 붙인 것은 6만여 개가 정식으로 등록 되었다. 이들 미생물은 우리 환경 어디에도 존재하는데, 극지방의 극한 지역은 물론 수 킬로미터 밑 바다 속에도 특수한 미생물이 살고 있다.

그럼 인체로 돌아와 우리 몸 어느 곳에 가장 많은 미생물이 살고 있을까? 우리 피부·손·발·입속 등에도 있으나 그 수로 봐서는 단연 내장이고, 내장 중에서도 대장이다. 우리 장내에는 500 종류 이상의 미생물이 살고 있으며, 그 수는 100조 마리 정도로 추정되며, 그 무게만도 1㎏에 달하고 건조 분변에는 30~50%가 미생물이라고 생각된다. 그래서 인간의 전체 체세포 수보다도 10배가 많다고 한다. 그런데 흥미롭게도 인간 개개인마다 장내에 있는 미생물의 종류나 숫자, 특성이 다르다는 것이다. 특히 건강한 사람과 질병이 있는 환자의 장내 세균의 구성이 다르고, 한국인·일본인·미국인 등 인종에 따라서도 큰 차이가 있다. 나아가 마른 사람과 비만인 사람의 장내 세균 분포가 다르며, 흥미 있는 실험으로 마른 쥐의 장내에 있는 미생물을 비만 쥐의 장내에 옮겨 주면 비만 쥐가 정상 무게의 쥐로 된다는 것이다.

유아도 모유를 먹느냐 분유를 먹느냐에 따라 장내에서 서식하는 균의 종류가 크게 차이를 보인다. 모유 먹은 유아의 장에는 유익 세균이 많고, 분유식의 경우 그 수가 적다. 즉 우리 인체에서 장내 미생물은 실로 다양한 역할을 하며, 건강에 큰 영향을 미친다는 것이 속속 밝혀지고 있다.

우리가 가끔 겪는 외국 여행 중에 설사를 하는 것도 외국 식품을 먹다보니 다른 미생물이 들어오고 장내 미생물이 균형이 깨져 장내 세포가 이상 반응을 일으키는 것으로 추정된다. 건강식품으로 가장 널리 알려진 인삼도 장내 세균에 의해 유효 성분인 사포닌들이 그대로 흡수되지 않고 분해되어 다른 형태로 소화되어 인체에서 효과를 낸다고 알려져 있다. 사람에 따라서는 종종 인삼이 맞지 않는다고 하는데, 이는 장내 미생물과 관계가 있지 않을까하는 생각이 든다.

장내 미생물에 대해서는 세계 각국에서 많은 연구를 하고 있으며, 특히 발효 유제품을 많이 먹는 유럽에서 젖산균 등 장내 유익 세균에 대한 연구가 활발히 이뤄지고 있다. 장내 세균은 알레르기 등 면역 기능 개선에 관여하기도 하며, 변비·설사·간 기능·심혈관 질환에도 관계가 있다는 보고들이 있다. 장의 건강이 인체의 건강을 결정한다는 것이 뜬소문이 아니라 과학적으로 근거가 있는 사실로 밝혀지고 있다.

이미 장내에서 유익한 작용을 하는 유용 미생물이 상품화되어 판매되고 있는데, 이들 대부분은 젖산균류이다. 오래 전 메치니코프는 젖산균과 장수 이론으로 노벨상을 받았지만 후손들은 더 많은 장내 증식 가능한 유용 미생물에 대해 관심을 갖고 있다.

우리 식단을 관찰해 보면 어느 형태로든 장류, 김치, 젓갈 등 발효식품을 많이 먹고 있다. 이들 발효식품은 모두가 미생물의 작용에 의해서 만들어진 식품이고, 살아있는 미생물이 관여하고 있기 때문에 발효식품을 먹는 경우 그 수를 헤아릴 수 없는 만큼 다양한 종류의 미생물을 함께 먹고 있다.

이들 미생물이 장내에 들어가 어떤 역할을 하는지는 아직 뚜렷한 연구 결과가 부족하지만 확실한 것은 수천 년 동안 음식을 통하여 인체 실험을 한 여러 발효식품은 발효과정에서 생성된 유익한 성분들과 함께 건강 기능적인 역할을 한다는 것을 짐작할 수 있다.

발효식품을 많이 먹는 민족은 건강하고 장수한다.

9. 장류의 미생물과 기능성

장류는 메주를 만들어 발효 숙성 과정을 거치면서 감칠맛과 짠맛, 신맛, 단맛, 매운맛 등이 절묘하게 조화된 조미료이다. 고추장에서는 매운맛이 추가되어 독특한 발효 향신 조미료가 된다. 전통 장류이건 공장산(개량식) 장류이건 방법만 다를 뿐 모두가 고유한 미생물을 이용하는 것은 차이가 없다. 단지 사용하는 미생물의 종류가 다르고 발효 조건을 관리하는 방법이 다를 뿐이다.

장류에 관여하는 미생물도 초기에는 자연 발효를 통하여 온도와 습도, 그 외의 조건에 따라 가장 적응하기 좋은 미생물이 선택적으로 부착되어 증식되면서 메주 발효가 일어나고, 이들 미생물이 자라면서 생산하는 효소에 의해 콩의 단백질이나 유지, 전분질이 분해되어 독특한 맛과 향을 내게 된다.

이 지구상에는 사막의 모래알만큼이나 수많은 미생물이 존재하는데, 대부분은 인간에게 무해 무익하지만 일부는 해를 주기도 하고 다른 미생물은 오히려 크게 도움을 주기도 한다. 처음 지구의 주인은 미생물이었고, 이 미생물로부터 고등생물이 진화되었다고 학자들은 말한다. 이들 미생물 중에는 식중독이나 부패, 질병을 일으키는 원인균이 있는가 하면, 장류를 발효하거나 다양한 술을 만들고 젓갈을 발효하고 식초를 만들기도 한다. 특수 성분으로 아미노산·비타민·항생제 등 많은 특수한 물질을 생산하여 우리 생활을 풍요롭게 하거나 건강을 지켜주는 역할을 하기도 한다. 미생물은 조건을 관리함에 따라 많은 일을 할 수 있는 기능이 있다고 알려지고 있다. 이에 따라 세계적으로 미생물을 다양하게 활용하려는 연구와 활동이 활발하게 이루어지고 있으며, 우수하고 독특한 미생물은 그 가치를 가늠하기가 어렵다. 여러 나라는 미생물을 폭넓게 수집하고 그 용도를 개발하려는 노력을 계속하고 있으며 우리나라도 예외는 아니다. 장류 발효에는 주로 곰팡이, 특히 황곡균(*Aspergillus oryzae*)이 관여하며 감칠맛을 내는 고초균(*Bacillus subtilis*)이 또 다른 역할을 하기도 한다.

최근 연구 성과에 의하면 곰팡이를 제외하고 전통식과 개량식 장류에서 분리되는 세균은 크게 차이가 나는데, 특히 전통 장류에서는 수십 종의 미생물이 관여하고 있으며, 종으로는 *Bacillus thermoamylovorous*(18%), 고초균(7%), *B. mojavensis*(10%) 등이 발견되고 있다.

한편, 개량식에서는 순수한 균을 접종하여 발효하기 때문에 관여 세균 속은 고초균 속이 거의 100%에 이르며, 종으로 보면 *B. amyloliquefaciens*가 82%로 거의 순수 발효가 일어나고 있다는 것을 알 수 있다. 이렇게 세균의 분포가 다른 것은 개량식에서는 고압 수증기에 의한 고온(100℃ 이상)에서 콩이 살균되어 거의 무균 상태를 유지하고 여기에 선발된 균을 접종하기 때문에 단일 균에 의한 발효가 일어난다. 그러나 전통식에서는 상압 하에서 콩을 찌고 있어 100℃를 넘지 않아 상당한 포자형성 균이 생존하고 있으며, 이들이 메주 발효에 관여한다고 여겨진다.

이들 세균류는 물론 발효에 관여할 것이나 주 발효균은 사실 곰팡이, 즉 황곡균이고 개량식이나 전통식에서 같이 활용이 되고 있다. 이들 곰팡이는 강한 단백질 분해 효소를 생산하여 콩 단백질을 분해하고 감칠맛을 내는 아미노산이나 핵산물질을 생산하는 데 기여한다. 또한 고초균 속들도 강한 단백질 분해 효소를 생산하여 맛과 향을 내는 데 상당한 역할을 한다고 알려져 있다.

즉, 개량식이나 전통식 장류 발효에는 단일 균이 관여한다기보다는 여러 미생물이 상호 영향주면서 발효에 관여하고 최종 제품의 특성을 정하게 된다. 따라서 최종 장류의 품질을 결정하는 것은 관여하는 미생물과 발효 조건, 사용하는 원·부재료 종류와도 깊은 관계가 있다.

다른 장류와 다르게 고추장은 살균하지 않은 고춧가루를 사용하기 때문에 이 고춧가루에 있는 미생물들이 발효에 관여하는 균의 종류가 다를 수밖에 없다. 전통 고추장이나 개량식 고추장에서 발효는 고춧가루에 혼입된 미생물이 가장 많이 관여하고, 다음이 메줏가루로 알려져 있다.

전통 고추장은 물론 고춧가루에 들어 있는 미생물이 주작용을 하나 메주도 비슷한 역할을 한다. 즉 개량식보다 전통에서 비중이 높다. 또한 사용하는 소금도 최종 제품의 미생물 분포에 영향을 끼치는데, 주로 정제 소금을 사용하는 개량식보다는 천일염을 사용하는 전통 고추장에서 소금이 미생물 공급원으로 더 영향을 끼치고 있음을 밝히고 있다. 다시 말하면, 고추장은 전통식이냐 개량식이냐를 떠나 사용하는 고춧가루가 발효에 관여하는 미생물의 주요 공급원이 되고 있으며, 소금도 대상이 되고 있다.

장류의 발효에 관여하는 미생물들은 기질 원료인 콩과 쌀, 밀가루, 고춧가루 등 다른 부재료를 이용하여 다양한 물질을 만들어 내는 것과 함께 관여하는 미생물 자체가 인체 내에서 장내 유용미생물로 작용할 수도 있다. 현재까지 연구된 결과를 보면 장류 산물의 인체 내 기능은 여러 필수 영양소를 공급하는 영양 기능, 미생물이나 섬유원에 의한 장운동 개선, 수면 물질 생산으로 숙면 유도, 혈액 순환 개선, 인터페론 생산에 의한 면역 기능 개선 효과가 알려져 있으며, 지금까지 상당한 분야에서 임상 시험으로 이들의 기능이 확인되고 있다.

장류의 발효에 관여하는 미생물에 의해서 문제가 되고 있는 식중독균인 바실러스 세레우스를 증식 억제시키거나 특성 미생물은 위해물질로 알려진 바이오제닉 아민(biogenic amine)의 생성량을 최소화하거나 감칠맛 성분인 글루탐산이나 핵산 관련 물질, 그리고 기능성 알려진 다양한 펩타이드(peptide) 등을 더 많이 생산하는 우수균을 내는 균주가 계속 선발되어 장류 발효에 이용될 수 있을 것이다. 장류의 발효에 관여하는 미생물은 일부 살아 있는 상태로도 장내에 들어가 긍정적인 영향을 준다는 것이 조금씩 밝혀지고 있다.

장류를 대상으로 한 인체적용시험이 최근 다양하게 수행되어 아주 바람직한 연구 결과가 도출되고 있다. 대표적인 몇 가지 결과를 간추려 보면 다음과 같다.

● 고추장을 대상으로 인체 적용 시험한 결과, 혈중 중성 지방이 유의적으로 감소하고 동맥 경화 지수(ApoB)도 감소하였다.

● 청국장을 대상으로 실험한 결과, 피부 발진 빈도가 높게 감소하였으며, 여러 암 세포의 증식 억제에도 효과가 있었다.

● 장류는 비만 억제에도 크게 효과가 있으며 혈전 용해 작용을 하여 혈액 개선에 긍정적 결과를 보였으며, 콩 속에 들어있는 이소플라본의 역할에 따라 항 당뇨효과도 입증된 바 있다.

● 고추장의 항 비만효과는 매운맛 성분인 캡사이신(capsaicin)이 주된 역할을 한다고 알려져 있다.

이에도 피부 노화 억제 등을 포함, 계속하여 새로운 기능이 밝혀지고 있어 콩 발효식품은 알려진 것 외에 많은 가능성을 내포하고 있다.

최근 생균을 먹었을 때 이들 균들이 장내에서 유익한 역할을 한다는 것이 크게 부각되면서 프로바이오틱(probiotic)에 대한 관심이 높아지고 있다. 장류는 그 자체가 미생물에 의한 발효 산물이므로 당연히 살아있는 균이 존재하고, 이들을 섭취했을 때 장내에서 특별한 작용을 할 것이라고 쉽게 예측할 수가 있다.

장류 발효에 관여하는 미생물은 2가지 측면에서 검토가 되어야 한다.

첫 번째는 미생물이 생산하는 펩타이드 등 2차 대사산물이요, 두 번째는 발효에 관여한 미생물 자체가 우리 장내에서 작용하는 긍정적인 역할이다.

미생물이 생산하는 새로운 물질은 최근 많이 알려져 있어 집중적인 연구가 필요하며, 이들 미생물을 분리하여 따로 유용 물질을 만드는 연구가 활발히 이뤄져야 한다. 미생물은 독자성과 차별성이 있기 때문에 특허 균주로 보호받을 수 있으며, 미생물에 의해서 생산되는 제품은 천연물로 분류되어 합성품에 대한 소비자의 부정적 영향으로부터 자유로울 수 있다. 특히 발효식품에 관여하는 미생물은 이미 오랜 기간 식용을 통하여 안전성이 확보되었으므로 안전성이 입증되었다고 생각이 된다.

또 다른 면으로는 발효식품에 관여하는 미생물을 우리가 섭취했을 때 생균체로 장내에 들어가므로 이들이 장내에서 유익한 활동을 할 것으로 기대되고 있다. 최근 장내 유용 미생물로서 가장 대표적인 미생물이 젖산균이나 확대된 연구에 의하면 바실러스 속 균들도 장내 유용 미생물로 작용한다는 것이 알려지고 있다. 장내 세균총은 비만, 고혈압, 당뇨 등 다양하게 우리 건강에 영향을 미친다는 것이 많이 알려지고 있으므로 앞으로 발효식품에 관여하는 미생물의 장내 역할에 대해서도 깊은 연구가 필요하다.

장류 관여 미생물은 기능성 물질인 이소플라본의 활성 개선, 뇌기능 개선작용이 알려진 감마아미노뷰티르산(GABA), 오르니틴 등을 생산할 수 있으며, 관련 논문도 상당히 많이 발표되고 있다. 아울러 유해 물질로 알려진 바이오제닉 아민의 생성 억제, 식중독 미생물인 바실러스 세레우스의 길항 작용 등을 기대할 수 있으며, 연구 범위를 넓혀 다른 기능성 물질을 생산하는 모체로도 이용할 수도 있을 것이다.

앞으로 장류 발효는 우수한 조미료인 장류 자체로도 의미가 있으나 발효에 관여하는 미생물이 생성하는 새로운 기능성 물질과 함께 신기능 미생물을 탐색하고 우수성을 확인하는 것도 중요한 분야이다. 따라서 장류의 미생물과 기능성 연구를 더욱 발전시키기 위해서는 다음과 같은 몇 가지 사항에 대해서 깊은 고찰이 있어야 할 것이다.

- 우수 장류 발효를 위한 최적의 미생물을 계속 탐색하고, 그 기능을 확인해야 한다.
- 장류 섭취에 의한 기능성은 인체적용시험을 실시하여 기능을 확인하고, 이를 국제적으로 인정되는 학술지에 게재하여 과학적으로 인정받아야 한다.
- 발효 관여 미생물을 체계적으로 분리 동정하고, 동정된 균을 중심으로 기능성 물질을 확인, 기업적인 발전 가능성을 확인해야 한다. 우수 균주의 확보는 경쟁력 있는 부가 가치가 높은 산업으로 연결하는 기반이 된다.
- 장류 미생물을 장내 유용 미생물로 활용할 수 있는 방법을 계속 찾고, 과학적으로 증명해야 한다.
- 우리 전통 장류를 세계 식품화하기 위해서 단점으로 대두되는 이취의 개선 및 감소 방법을 발효 기술 개발을 통하여 해결해야 한다.
- 장류를 활용한 새로운 형태의 가능성이 있는 상품 개발로 글로벌 식품화에 눈을 돌려야 한다.

10. 전통 장류산업을 재도약시킬 때

우리 장류의 제조역사는 삼국시대 이전으로, 가장 오래된 제조업이면서 한식의 특징을 뒷받침해주고 있다. 장류에는 간장, 된장, 고추장, 청국장 등이 포함된다. 이는 식단에서 매일 사용하면서 빠질 수 없는 원천 조미료이나 조미료로서 소비의 한계를 보이고 있다. 장류는 대표적인 전통발효식품이면서 발효조건과 관여하는 미생물에 의해 실로 다양한 풍미를 생성하여 차별화된 특징을 나타낸다. 원료는 주로 콩류이며 장류에 따라 곡류를 다양하게 사용하기도 한다. 특히 세균, 곰팡이, 효모 등 여러 종류의 미생물이 같이 작용하여 복발효 형태로 발효가 진행되어 관리의 어려움도 있으나 단순 발효로 제품을 만드는 타 발효식품과는 그 풍미의 깊이에서 차이가 난다.

발효식품으로서 특징을 가장 잘 갖추고 있는 장류는 그 용도가 조미원이라는 제한된 용도의 범위를 극복하지 못하고 있어 그 산업규모가 크게 확대되지 못하고 침체되면서 국내 시장이 포화되고 있는 현상을 보이고 있다. 이런 현상을 볼 때 인구 증가의 둔화, 급속한 노령화 등에 따른 전반적인 가공식품의 수요 감소에 따라 장류 제조업도 정체 혹은 사양산업화 될 것으로 추정되고 있어 장류 소비 형태를 획기적으로 바꾸는 노력이 필요한 시점이다. 이를 위해서는 장류 특성을 잘 살리면서 상품성 있는 새로운 형태로 변형시켜야 한다.

현재 장류의 특징은 간장과 같은 액체이거나 된장, 고추장 등과 같은 반유동형 그리고 청국장 같은 고체형이 있으며 이들 특성을 살리되 물성과 향미를 과감히 변화시켜 소비자 선호형 신제품 개발에 초점을 맞춰야한다. 발효식품의 오묘한 맛과 향을 살리되 소비자가 기피하는 향과 맛을 과감히 제거하여 소비자 친화형 제품개발에 초점을 맞춰야한다. 이와 같은 변화는 발효에 관여하는 최적의 미생물을 선발하여 이 미생물을 이용하거나 발효조건을 변화시켜 우리가 선호하는 분해 산물을 더 낼 수 있도록 조절하면 가능하다고 여겨진다.

이제 다음과 같은 분야로 신제품 개발 방향을 설정하여 집중 노력한다면 한국 장류의 새로운 소비처 창출로 제2의 장류전성기를 기대할 수 있을 것이다.

첫째, 이미 일부기업이 참여하고 있어 그 성공 여부가 초미의 관심사가 되고 있는데, 국제적으로 통용될 수 있는 장류 기반 소스류 개발이다. 현재 세계의 소스시장은 매운 것을 기반으로 한 제품의 신장세가 두드러지고 있다. 이 소스류에 가장 어울리는 우리 전통장류는 고추장이다. 한 업체는 세계인의 구미에 적응되어있는 토마토페이스트를 혼합하여 토마토 고추장을 출시해 신선한 충격을 주고 있다. 이런 상품의 가능성을 바탕으로 세계적으로 유통량이 많은 이금기(중국), 타바스코(미국) 등 회사의 제품특성을 뛰어넘는 신제품 개발이 가능하다. 고추장은 매운맛, 감칠맛, 단맛, 신맛, 쓴맛 등 5미를 갖추고 있다. 이 특성에 국가별 선호 식재료를 추가하여 신제품을 생산하면 국제적 명성을 얻을 수 있을 것이다.

둘째, 된장을 이용한 음료이다. 된장은 발효 조건을 개선하면 콩 단백질을 완전히 분해하여 액화가 가능하나 특성에 맞는 미생물 선발이 필요할 것이며, 발효과정에서 생성될 수 있는 이취, 이미를 최소화하는 방법이 개발되어야 한다. 특히 증자조건을 개선하여 물성과 단백질 변성을 발효가 용이한 쪽으로 변화시키는 연구가 뒷받침되어야 할 것이다.

셋째, 버터를 대체할 제품개발이 필요하다. 서양인의 주식인 빵에 곁들여지는 버터는 고지방식품으로 기피경향이 뚜렷해지고 있으므로 건강식으로 알려진 콩을 이용한 스프레드(spread)는 인기가 있을 것이다. 버터의 물성과 버터의 유지에서 오는 고소한 맛을 담도록 하면서 펴짐성을 갖춘 물성을 부여하면 빵식 문화권에 소비자를 확보하는데 어려움이 없을 것이다. 이미 먹고 있는 것의 대체이니 완전한 신제품으로 침투하는 것보다 유리할 것이다. 그 외 기존 가공제품에 추가하는 노력이 요구된다. 청국장 쿠키는 상품화되어 판매되고 있으며, 된장의 냄새를 줄여서 어묵 등에 첨가하여 신제품을 개발할 수도 있을 것이다.

장류는 새롭게 변신할 수 있는 충분한 능력을 갖춘 식재료이다. 우리의 새로운 발상전환을 기다리고 있다.

11. 전통 발효식품산업의 중요성

대표적인 우리 전통 발효식품은 김치, 장류, 젓갈, 식초이다. 이들 전통 발효식품은 주로 국산 원료를 사용함으로써 어려움에 처해 있는 국내 농업에 큰 도움이 되고, 우리 식문화를 세계에 알리는 매체로 큰 역할을 하고 있다. 발효식품은 우리 식생활을 풍요롭게 할 뿐만 아니라 그 자체로서 각종 생리 활성 물질에 의한 기능이 있어 새롭게 발전할 수 있는 동력산업으로 육성하여 정부가 강조하고 있는 창조 경제의 한 축을 담당했으면 한다.

지금까지 많은 연구가 진행되었으나 학계 간 연계 연구로 전통 발효식품의 품질 개선 및 인체 적용 시험을 통한 기능성을 과학적으로 더 입증해야 한다. 분야에 따라서는 상당한 연구 결과가 축척되어 있으므로, 이를 바탕으로 심도 깊은 연구를 통하여 부가적인 기능을 확인하고 근본적으로 유전자에 미치는 영향까지 확인한다면 우리 전통 발효식품의 우수성을 세계에 알리는 데 중요한 역할을 할 것이며, 국내 발효식품 산업 육성에 크게 기여할 것이다.

근본적으로 발효식품은 미생물이 근간이다. 관여하는 미생물이 원료에 작용하여 새로운 물질을 만들어 내는 창조 과정이다. 미생물은 세균, 효모, 곰팡이가 모두 관계되며 전통 발효의 경우 자연 조건에 의지하므로 실로 수많은 미생물이 관여한다. 근래 떠오르는 종자 전쟁에서 동·식물뿐만 아니라 미생물도 그 대상이 되는 시점에서 우리 고유 미생물을 확보하여 우수하고 활용 가능한 종자 자원의 범위를 넓혀야 한다.

발효식품에서 분리·확보한 미생물을 활용할 때 가장 중요하게 고려하는 것은 분리된 미생물의 안전성인데 이미 식용으로 안전성이 확인되었으므로 일차 단계를 통과한 유용자원이다. 우리 전통 발효식품은 원료나 환경에서 혼입되는 수많은 미생물이 관여하여 발효에 작용함으로 많은 새로운 미생물을 확보할 수 있는 보고이다. 이들 미생물의 특성을 확인하고 여러 기능을 밝혀 기능과 용도에 맞게 활용도를 넓혀야 한다.

발효 미생물은 각종 발효식품 생산에 관여함을 물론, 항생제 등 의약품, 효모나 클로렐라와 같은 균체의 직접 이용, 비타민, 아미노산 등의 생산, 폐수의 정화, 악취 제거, 바이오가스 생산 등에 미생물의 독특한 기능을 활용할 수 있다. 또한 다제 내성균(super bacteria)에 의한 질병 치료와 식중독균의 제어 등에 미생물에 의한 미생물 제어방법이 효과적인 수단으로 검토되고 있다. 발효식품에 관여하는 미생물을 분리, 목적 지향적 종합 연구를 위하여 범국가 규모의 연구 체제를 갖춰야 한다.

현재 국내에는 미생물 수집, 관리, 보관 기능을 갖거나 다양하게 미생물을 활용하는 연구 기관 등이 있다. 각자 세분화된 영역에서 연구업무를 수행하고 있으며, 전문 능력과 연구 설비를 갖추고 있다고 여겨진다.

문제는 전문화된 이들 기관의 전문 능력을 분야별로 연계하여 목적 지향적 연구 결과를 도출할 수 있는 종합 관리 시스템을 갖춰야 한다는 것이다. 새로 발족한 '국가연구기술연구회'에서도 마침 연구 기관의 벽을 넘어 과제별 전문인 팀을 구성, 지정된 연구 과제를 하도록 하는 구상을 밝혔다.

전국적으로 발효 분야에서 미생물 수집 분리, 활용, 사업화 등을 할 수 있는 전문인을 규합하여 연구를 수행하고 기업체를 참여시켜 산업화까지 연계시키는 종합 관리 기관을 구축할 필요가 있다. 이 관리 기관은 연구 기능은 제외하고 네트워킹, 공동 연구 과제 발굴, 연구 수행 관리, 사업화 유도, 연구비 확보, 연구 결과의 관리 등을 수행하면 될 것이다.

과학 기술의 발전은 전문 과학인에 의해 이루어지며, 한 국가의 부는 결국 과학기술에 의존할 수밖에 없다. 과학기술을 발전시키는 데는 전문, 우수 과학 기술 인력의 확보가 무엇보다도 중요하며, 이는 국가가 담당해야할 큰 임무 중의 하나이다.

발효산업 육성도 예외는 아니다. 발효산업 전반을 책임질 전문가 양성 교육 기관, 가칭 발효산업대학·대학원 설립이 필요하다. 이 교육 기관은 발효 분야를 나눠 교육하되 학부와 대학원을 연계, 최우수 전문가를 양성하는 기관으로 운영해야 한다. 산학 협동을 기본으로 하되 세계 수준의 교육 전문 인력을 확보하는 것도 관건이다.

12. 우리 식문화의 뿌리는 발효식품이다

발효식품은 세계적으로 건강식품의 대명사가 되고 있다. 관련 분야 많은 학자들의 노력으로 발효식품에서 여러 기능이 밝혀지고 있기 때문이다. 발효식품은 한국인 식단의 기본을 이루고 있으며, 한식의 차별화와 독창성은 이들 발효식품에 그 뿌리를 두고 있다. 대표되는 전통 발효식품은 장류, 김치류, 젓갈류, 식초류를 들 수 있다. 주류도 발효식품이라 구분하기도 하나 식품이란 영양소와 기호성 그리고 안전성을 갖춘 농수축산물이나 그 가공품이라 정의하는데 주류는 독성이 있는 알코올을 함유하여 발효식품이라기 보다는 알코올성 기호음료라 구분되어야 할 것이다.

우리 식문화에서도 발효식품은 가장 중요한 위치를 차지하고 있으며, 그 역사도 기원 전으로 거슬러 올라간다. 불행하게도 기록된 역사는 부실하지만 발효식품과 가장 관계가 깊을 것으로 추정되는 지하에서 출토되는 용기들로 미루어 볼 때 이 나라에 식생활이 정착된 시기부터 발효식품이 우리 식단의 중요한 위치를 차지한 것으로 추정된다.

특히 농경민족의 기본 식량원인 곡류 중심식단에서 밥과 같은 주식에 필요한 반찬은 맛을 조화시키기 위하여 꼭 필요한 부식이 되었을 것이다. 부식은 주변에서 쉽게 구할 수 있는 가장 흔한 식용 가능한 채소류를 채취하여 이용하였을 것이고 맛을 부여하는 수단으로 자연스럽게 일어나는 발효방법이 정착되었을 것이다. 특히 소금원인 바다로 둘러싸인 우리나라의 지정학적 위치와 계절성 기후 여건은 갈무리 방법으로 소금 절임이 정착되었고 소금 절임 후 발효는 자연적으로 일어나는 현상이다.

세계 여러 나라는 수많은 발효식품이 그들의 식단 구성에 주요 품목이 되고 있으며 발효 식품의 종류는 대부분 그 나라의 역사와 비례하고 있다. 예컨대 우리나라를 포함한 인도, 동남아, 중국 등에 수많은 발효식품과 독특한 제품이 있고 지금도 각 나라를 대표하는 고유 전통식품으로 세계에 알려지고 있다.

발효식품은 많은 장점을 갖고 있다. 즉 발효가 되면 부패성 미생물의 증식을 막아 장기 저장이 가능하여 오래 갈무리하는 수단이 될 수 있으며, 맛과 향을 새롭게 창조하여 우리 식단을 풍요롭게 하는데 기여한다. 또한 발효 과정에서 만들어지는 대부분의 초산, 젖산, 프로피온산 등은 식중독 미생물의 증식을 막거나 아예 살균하는 작용으로 식중독을 원천적으로 막아 안전성을 보장한다. 이런 이유로 발효식품을 먹고, 식중독 피해를 본 경우는 없다. 또한 발효 과정 중 새롭게 생성되는 미량 영양소, 즉 비타민 B_1·B_{12} 등을 합성하여 우리에게 부족한 영양소를 공급하는 긍정적인 역할을 한다. 더욱 국제적으로 관심의 대상이 되고 있는 것은 거의 대부분의 발효식품에 관여하는 미생물들이 장내에서 유익 세균으로 작용하여 장내 건강, 더 나아가서는 암, 고혈압, 당뇨 등 만성 질환 억제 기능을 발휘한다는 것이다. 이 분야 연구가 많은 학자들에 의하여 활발히 이루어지고 있으며 장내 세균총을 변화시키는데 발효식품에 존재하는 유익 미생물들이 크게 작용한다는 것이 잘 알려지게 되었다.

우리나라는 발효식품의 천국이다. 이들 발효식품이 이제는 한국의 울타리를 벗어나 세계 식품화되고 있다. 김치는 이미 국제화되었으며 장류를 포함하여 우리 식문화 수출의 상징으로 발돋움하면서 수출효자 품목의 반열에 오르고 있다. 특히 고추장은 발효한 핫 소스의 대명사로 부각되고 있으며, 그 용도가 조미료 차원을 넘어 서양인의 육류 식단에도 서서히 침투해 들어가고 있다.

앞으로 우리 발효식품산업을 더욱 발전시키기 위해서는 관리가 어려운 자연발효의 차원을 넘어 발효과정을 관리할 수 있는 노력이 필요하다. 즉 발효에 관여하는 우수 미생물을 분리, 그 특성을 확인하고 이를 종균으로 사용하여 품질 고급화, 차별화에 활용해야 한다. 아울러 발효산물의 기능성을 과학적으로 증명하여 세계에 알림으로써 우리 발효식품을 국제화하는데 발판으로 삼아야 할 것이다. 아울러 전통발효식품에 관여하는 수많은 미생물의 특징을 폭넓게 구명하고 그 기능을 활용하는 체계적인 연구가 뒤따라야 한다.

우리 전통 발효식품은 조상이 이 세대에 넘겨준, 값을 계산할 수 없는 보물이다. 이 보물을 더욱 빛나게 보존하고 이를 후손에게 물려줄 책임이 우리에게 있다. 발효식품 산업육성에 모두의 관심을 기대한다.

제4장

식품과 식품산업

1. 식품산업 육성, 때가 왔다

넓은 김제 만경 평야에 풍요로운 황금물결이 일고 있다. 이를 보면서 과잉 생산 될 벼 때문에 걱정하는 사람들도 있겠으나 모자라는 것보다 남아서 활용을 걱정하는 것이 얼마만한 행복이랴.

식품산업은 쌀을 포함한 농·축·수산물 원료와 밀접한 관계가 있다. 이들 원료가 좋은 품질로 충분한 양이 생산되어 공급될 때 식품가공업은 안정적으로 발전할 수 있다. 전라북도가 자타가 인정하는 식품산업의 메카가 되어가고 있는 것은 이 지역에서 생산되는 양질의 원료와 풍부한 물량, 이를 뒷받침하는 행정적, 기술적, 기업인의 전폭적인 참여에 바탕을 두고 있다고 여겨진다.

전라북도 식품산업 육성 여건은 유사 이래 이렇게 잘 갖춰진 시기가 없었다. 우선 원료 공급 여건이 어느 지역보다 우수하고, 기존 가공업체가 활발히 제조공장을 운영하고 있으며, 신제품을 개발하고 기술 지원을 전담할 연구 개발 인력이 집적화되어 있다. 여기에 더하여 국가 차원에서 행정적으로 지원할 산·학·연 연계 조직인 국가식품 클러스터를 품고 있다. 특히 특화된 식품의 원료 생산을 연구개발할 농촌진흥청과 식품 가공 기술 개발을 전담할 한국식품연구원이 전주에, 그리고 원자력을 이용하거나 생명공학을 연구할 특화된 3개의 연구기관이 정읍에서 활발히 활동을 하고 있으며, 도내

시·군에도 장류, 인삼, 복분자, 치즈 등 특화된 품목별로 운영되는 지역 연구소에서도 활발한 연구를 수행하고 있다. 특히 전라북도 생물산업진흥원과 전주생물소재연구소는 상당 기간 기술을 축적한 우수기관으로 육성되고 있다.

한 산업의 발전은 여러 요인이 있겠지만 사용하는 원재료, 이를 이용하여 새로운 상품을 만드는 기술, 생산된 제품을 합리적인 가격으로 판매하는 수단 등이 갖추어져야 한다. 전라북도의 식품산업은 이들 조건을 훌륭히 구비하고 있으므로 앞으로 더욱 발전시켜 한국의 울타리를 넘어 세계적인 메카로 발전시키는 것은 지금을 살고 있는 우리의 몫이 되고 있다. 특히 식품산업은 지역의 원·부재료를 사용하여 어려움에 처한 우리 농업과 동반성장하는 견인차 역할을 할 수 있으며, 어느 산업보다도 단위 매출액 당 고용 인원이 많아(매출액 1억 원 증가 시 식품 3.6명, 산업 평균 2.2명) 심각한 취업난과 인구 감소를 해결하는 가장 좋은 업종이기도 한다.

호기를 맡고 있는 전라북도의 식품산업이 더욱 발전하기 위해서는 현실에 안주하는 내부 지향적인 소극적 사고방식에서 벗어나 외부 지향적, 발전적 사고를 바탕으로 피나는 노력이 필요하다.

발전 전략으로 지역에 설립된 기존 연구기관들의 기능과 특성이 서로 다르므로 이들을 상호 연계하여 특화된 분야에서 협동 연구가 될 수 있도록 통합 연구관리 조직을 구축할 필요가 있다. 이 조직은 공동으로 수행할 수 있는 연구 과제의 도출, 기관별 전문인의 참여 유도, 특화 연구팀의 구성, 필요에 따라 국가 과제화하여 중앙

정부로부터 예산을 확보하는 등 행정적 처리, 연구 진행을 관장하는 종합 기획 기능을 갖도록 할 수 있다. 이 기능이 순조롭게 수행된다면 우려되는 연구 기관 간 중복 연구를 피할 수 있으며, 전문 연구원의 특화 분야를 더욱 심화시킴으로써 세계적 전문가로 육성이 가능할 것이다.

다음으로 여러 분야에 연구원의 능력을 분산시키는 것보다 이 지역의 강점을 더욱 강화시키는 방향으로 연구가 진행되어야 한다. 전라북도는 이미 발효식품의 본산으로 잘 알려져 있다. 장류·젓갈류·복분자 등 과실주, 치즈, 명인들이 만드는 이강주 등 각종 명주도 이 지역 특산품이다. 이와 같이 바탕이 구축되어 있는 발효식품과 관련 산업을 더욱 확대·심화하여 건강기능식품과 의약품, 식품첨가물 생산 등 넓은 발효산업으로 확대 발전시키는 방안이 구상되어야 한다. 특히 발효식품에 관여하는 미생물을 종합적으로 활용하는 폭넓은 연구 개발도 큰 그림을 그려 진행해야 한다.

주어진 여건이 좋다고 하여 발전한다는 등식은 없다. 이들 주어진 조건을 효율적이고 조직적으로 활용하여, 집중적이고 목적지향적인 결집된 노력만이 성공적인 결과를 기대할 수 있을 것이다.

"구슬이 서 말이라도 꿰어야 보배다"라는 우리 속담이 딱 어울리는 시점이다. 구슬이 굴러와 있으므로 이를 잘 꿰어 보배로 만들고, 이 보배가 지역을 넘어 국가, 그리고 세계에 크게 빛날 것을 기대한다.

2. 국가 연구 개발 투자는 누구를 위한 것인가?

요즈음 들어 어떻게 살 것이며 인간답게 사는 것은 어느 길인가 등 인문사회과학 분야에 대한 관심이 높아지고 있다. 이런 흐름은 먹고 사는 것의 문제가 해결되면 인간 본래 갖고 있는 심성상 삶의 지고한 목적에 대한 궁금증이 생기기 때문이 아닌가해서다. 그러나 이런 현상에 전제되는 것이 경제적인 여유로 배고픔을 해결하고, 내일에 대한 긍정적 기대가 뒷받침되었을 때의 경우이다. 이런 여건을 만들기 위하여 개인은 물론이고 사회와 국가는 부단한 노력을 하고 있다.

집단의 경제적 여유는 결국 여러 산업과 연관되고 부를 만들 수 있는 유형무형의 제조업 없이는 불가능하다. 모든 제조업은 현재에 머물러 있는 것이 아니고, 계속하여 발전하지 않으면 침체하고 경쟁에서 뒤지면서 그 명맥을 유지하지 어렵다. 경쟁에서 앞서기 위해 새로운 것을 찾고 창조하는 노력이 연구 개발 활동이다.

지금 갖고 있는 것의 가치를 높이고 없던 것을 새로 창출하는 활동이야말로 정신적 노력의 산물이며 인간만이 할 수 있는 영역이기도 하다. 따라서 세계 모든 나라는 국가 재원의 상당 부분을 연구 개발비에 투입하고 있으며, 그 결과를 산업과 연계하여 새로운 부를 창출하는 데 피나는 노력을 하고 있다.

우리나라도 예외는 아니다. 전쟁의 폐허를 딛고 서서 세계 유례가 있는 짧은 시간에 세계 10대 교역국으로 도약한 것은 산업 발전이 초석이 되었으며, 그 배경에는 교육에 투자한 국민과 연구 개발을 독려한 국가 정책이 뒷받침되었다는 것을 부정할 수는 없다.

몇 십 년이 흐른 지금의 현실은 어떤가? 국가 수준에서 투자한 총 연구비는 531억 8500만 달러에 이르고, 이는 총액 기준 미국(4015억 7600만 달러), 중국(2,434억 달러), 일본(1408억 3300만 달러), 독일(862억 9900만 달러)에 이어 세계 5위 수준(OECD, 2012)이다. 전 세계 대비 GDP에서 차지하는 비중은 1위(4.36%), 총 연구원 수는 6위, 특허 수는 4위를 점하고 있다. 이 숫자로만 보면 우리나라는 인구대비 연구 개발 측면에서 세계 최선진국과 비교하여 결코 뒤지는 상황이 아니다.

그러나 여기서 짚고 넘어가야 하는 것은 왜 우리나라는 이렇게 막대한 재원을 연구 개발 부문에 쏟아 붓고 있는가이다. 당연히 기대하는 것은 투자한 연구 개발 결과가 기업과 연계되어 국가 경제에 기여하길 바라고 있을 것이다. 그런데 알려진 결과는 이런 기대에 크게 못 미치고 있다는 것이다. R&D 투자 총액에서 5위에 이르지만 기업화에 기여하는 순위는 43위이며, 산업의 부가가치에 기여도는 20위에 머무르고 있다. 그런 반면 SCI(과학 문헌 인용 지수)급 논문 수는 매년 급격히 상승하여 2012년 기준 47,066건으로 세계 10위권에 들고 있다(미래창조과학부, 2013). 이들 결과를 볼 때 많은 연구 개발 자금을 투여하여 대학이나 연구기관에서 SCI 논문 작성에 도움을 주었다는 결과를 보여 주고 있다.

우리나라 연구 개발비 비중(2012년)을 보면 총 투자비 55조4500억 원 중 기업체가 76%(43조 원), 공공기관이 13%, 대학이 10% 순이었으나, 기업체는 대부분 자가 부담이었고, 공공기관과 대학은 국가가 투자하고 있다. 즉 공공기관과 대학은 각각 6조9000억 원과 5조3000억 원을 받아서 산업계 지원보다 각자의 연구 실적을 올리는 데 더 많이 사용했다는 생각을 떨쳐버릴 수 없다.

여기서 대학과 연구소의 역할과 국민의 기대를 되짚어봐야 할 것이다. 연구 개발을 담당할 수 있는 고급 인력인 박사 학위 소지자의 83.2%가 대학과 연구소에서 근무하고 있으며(기업 16.8%), 이들의 주된 업무는 연구 개발이 큰 축을 이루고 있다. 그럼에도 이들이 생산한 연구 결과가 수요처에 활발히 흘러가 산업 활성화에 큰 도움을 주지 못하고 있다는 비판의 목소리가 높은 이유는 무엇인가?

이는 대학과 연구기관의 평가 시스템의 문제이다. 연구원과 교수의 평가는 SCI급 논문의 수가 가장 중요한 기준이 되고 있으니 시급한 자기 생존의 문제를 해결하기 위해서는 SCI급 논문 작성에 열과 성을 다 할 수밖에 없을 것이다. 물론 국가의 위상을 높이는 우수한 논문 발표는 중요하다. 그러나 국가가 지원하는 연구 개발비의 가장 중요한 목적을 달성하면서 우수한 논문도 작성해야 할 것이다. 그러기 위해서는 대학과 연구기관의 평가 방법을 주어진 역할과 능력에 따라 구분할 수 있게 과감히 개선해서 효율적으로 관리해야 할 것이다. 즉 강의, 연구, 산학협력 교수를 엄격히 구분하고 평가시스템도 제도에 걸맞게 고쳐주어야 할 것이다. 구분된 영역에 따라 분야별 가중치를 두고 산학연구의 활성화, 기업지원, 산학협동이 가능하도록 해야 한다. 또한 국가에서 지원하는 연구과제는 기초연구를 제외하고 모든 응용 연구는 업체에서 필요로 하는 것을 최우선 채택 순위로 하는 방법을 적극 검토해야 할 것이다. 이제 우리나라의 산업구조는 추격 형에서 선도형으로 급격히 바뀌어 갈 수밖에 없다. 세계 1등의 위치를 지키고 지속시키기 위해서는 초인적인 연구 개발 노력 없이는 불가능하다. 지속적인 국가 경제 발전의 원동력은 연구 개발에서 해결책을 찾아야 할 것이며, 이 일은 국가로부터 가장 혜택을 많이 받고 있는 대학과 연구 기관의 연구인력이 기업과 손을 잡고 이루어내야만 한다.

3. 아침 식사할 수 있는 여건을 만들자

아침 식사의 필요성에 대한 전문가의 의견이 많이 제시되었고, 언론에서도 여러 번 기사화되어 소비자의 경각심을 불러일으킨 바 있다. 특히 모두의 건강을 지키기 위해서 왜 아침 식사가 주요한지를 잘 설명하였고, 많은 사람들에게 큰 공감과 경각심을 불러일으켰으리라 여긴다. 미국도 비슷한 결과를 보고했는데(Food Business News, 2015.8.16.), 일일 식사 중 가장 중요한 아침 식사를 50% 이상이 거르는 그 이유는 시간 부족, 맛이 없어서였으며, 우리나라의 경우는 시간이 없거나 준비 번거로움(41%), 습관(53.7%)이었다. 이들 기사에서 아쉬운 것은 아침을 먹지 않음에 따른 질병 발생 가능성과 이에 따른 노동력 감소, 정신 활동 저해, 의료비 상승 등을 심층 분석함으로써 개인의 건강과 의료비 상승에 따른 국가적 손실 등 절박감을 더 부각시키지 않았다는 점이다.

아침 식사를 하지 않아서 오는 피해는 많은 전문가들이 상세히 제시하였으나 이제는 많은 국민이 쉽게 아침 식사를 할 수 있도록 여건을 마련하는 방안이 뒤따라야 할 시점이다. 우리가 음식을 먹는 이유는 생명 유지를 위한 영양 섭취, 먹는 즐거움, 그리고 질병을 예방할 수 있는 기능성 물질의 섭취이다. 가장 중요한 것은 5대 영양소를 고루 섭취하면서도 맛을 통한 먹는 즐거움을 선사하는 것이다. 우리에게 필요한 이상적인 5대 영양소의 비율은 탄수화물 65, 단백질 15, 지방 20 비율이고, 각각의 비타민과 무기질의 일일 하루 필요량도 이미 알려져 있다. 이런 과학적 근거를 바탕으로 바람직한 영양 구성으로 기호성을 갖춘 식품을 개발해야 할 것이다. 이런 이상적인 조성의 식품은 농수축산물 중에서 단일 원료만으로는 불가능하므로 여러 식재료를 조합해야 하고, 여기에 기호성과 연식성, 저장성을 높이기 위한 또 다른 연구 노력이 필요하다.

일반적으로 소비자는 가공된 식품을 기피하는 경향이 있으나 빠르고 편리한 아침 식사용 음식은 가공된 식품 외에는 대체 방법이 없다. 아침 식사용 음식의 필요조건을 충족시키면서 소비자가 수용 가능한 제품은 다음과 같은 조건을 만족시켜야 한다. 시간이 없는 사람을 위한 편의성, 건강을 지키기 위한 이상적 조합의 영양 구성, 그리고 또다시 먹고 싶어 하는 맛과 연식성 부여, 안전성 등이 함께 폭넓게 연구되어야 한다.

아침 식사를 거름에 따른 폐해는 특히 성장기에 있고, 두뇌 활동이 왕성해야 할 초·중·고등학생에게 가장 심하다. 폭넓게 아침을 먹지 않는 이유를 더 정확히 파악하고, 이들에게 선호하는 갖춰진 아침 식사가 가능하도록 먹기 편하고 건강을 지킬 수 있는 다양한 제품을 준비하여 제공해야 한다.

우리의 식품 원료 생산 여건과 식생활 패턴을 볼 때 쌀과 곡류를 중심으로 하되 충분한 양질의 단백질, 좋은 구성의 지방, 하루 필요한 양의 비타민과 무기질을 포함하면서 근래 우리 식생활에서 부족하기 쉬운 식이섬유를 공급하기 위한 채소류와 과실류가 포함되어야 할 것이다. 또한, 이 제품에 편의성을 부여하면서 제시된 조건이 갖춰진 이상적인 아침 식사 제품을 손쉽게 구입, 사용할 수 있도록 해야 할 것이다. 가공제품은 기업의 채산성과 감당할 수준의 소비자 가격으로 생산 가능하도록 여건이 마련되어야 한다. 아울러 잘 조합되고 구성된 아침 식사용 제품은 건강 기능성 면에서 절대로 천연식품에 뒤지지 않는다는 확신을 소비자에게 심어 주도록 과학적 뒷받침이 확실히 되어야 한다. 범국민운동을 통하여 아침 먹기를 일상화하고, 이를 정착시키기 위해서는 수요자뿐만 아니라 전문가들의 도움과 영향력이 큰 언론이 앞장 서야 할 것이다.

4. 세대 간 조화와 새 일자리

젊은이의 일자리 확보가 국가적으로 제일 큰 과제로 대두되고 있다. 이 나라에서 일할 수 있는 자리를 만드는 곳은 생산 활동을 하는 모든 제조업·서비스업·공공기관이 될 것이며, 그 중 가장 큰 비중을 차지하는 분야는 제조업과 서비스업이다. 이들 분야는 새로운 아이디어를 내서 생산 활동을 통한 이익창출로 운영비와 인건비를 충당해야 한다. 따라서 모든 생산 활동에 참여하는 업체는 끊임없는 연구와 기술개발, 가능성 있는 대상을 선택하고 실행하여 경쟁력 있는 산물을 만들고, 이들 결과물이 시장에서 경제적 이익으로 돌아와 기업의 원동력이 되고 있다.

연구개발의 원천은 어디인가? 인간의 머릿속에서 얻어지는 창의력을 바탕으로 한 창조의 과정을 거쳐야 한다. 아무리 훌륭한 창의적인 생각이라 하더라도 창조되지 않으면 결과를 가시적으로 볼 수 없고, 이 결과물도 시장에 나가서 경쟁력을 갖고 수익을 내지 못하면 기업은 존립할 수 없다. 일반적으로 창의적 생각에서 시작하여 모든 과정을 거쳐 나온 창조적인 산물이라 하더라도 기업적으로 성공을 거두는 경우는 선진국을 통틀어 1~2% 내외로 알려져 있다. 즉 100개의 아이디어가 모든 거름 장치를 통과한다 하더라도 상업적인 성공을 거두는 경우는 1~2개에 불과하다는 의미이다. 이런 어려움을 알기 때문에 모든 기업들은 철저한 사전 분석과 시장조사를 통하여 새로운 아이디어의 상업적 성공을 거두기 위한 피나는 노력을 하고 있다.

이 과정에서 우리가 깊이 생각해야 할 것은 번쩍이는 아이디어를 현실화하는 과정에서 실패를 최소화하는 길은 많은 경험과 지혜가 있고 실패를 했던 원인을 정확히 알고 있는 원숙한 세대에서 나온다. 지금의 사회풍토는 물리적 나이로 은퇴 순위를 결정하는 경향이 일반화되어 있으며, 그 사람의 능력과 경험은 고려 대상에서 밀리고 있다. 즉 한 사람이 자리를 비워주어야 새로운 자리가 생긴다는 너무나 단순한 논리가 정답인 양 받아들여지고 있다. 함께 일할 거리를 만들고 그 일을 통하여 일할 자리를 새롭게 구상하는 선순환의 시스템이 구축되지 못하고 있다. 미국 같은 나라에는 정년제도가 없다. 나이에 상관없이 일할 능력이 있고 직장이 필요로 하는 경우 일할 기회가 주어지고, 이들 노·장년의 지혜와 경험, 그리고 그들이 같이 일을 하면서 머리에 저장된 성공의 노하우를 높이 사고 현장에서 쌓은 모든 살아있는 자산을 젊은이와 공유함으로써 실패요인을 최소화하면서 빠른 성공의 길을 찾아가고 있다.

젊은이들이 갖고 있는 참신하고 새로운 생각과 그들의 열정을 최대한 활용하면서 이들의 생각이 성공할 수 있도록 방향을 제시하고 여러 예상되는 위험물을 피하게 하는 지혜는 노·장년층에서 나온다. 보통 실패는 다시 거론하고 싶지 않은 버려야하는 경험으로 치부하나 그 실패가 없는 경우 성공의 결과를 얻을 수 없다는 세상의 진리를 우리는 너무 간과하고 있다. 어린아이가 걷기 위해서는 3,000번의 쓰러짐을 거쳐야한다고 한다. 그 넘어짐에서 얻은 경험이 없었다면 우리가 어찌 지금처럼 자유롭게 걸을 수 있겠는가? 그 넘어지고 쓰러지는 횟수를 최대한 줄이고 곧바로 서는 지혜를 주는 것은 부모의 몫이고 스스로 설 수 있도록 끈기 있게 기다려주는 것 또한 우리 모두의 경험이다.

연구개발도 비슷한 과정을 거친다. 실패 없는 성공은 없다는 아주 일반적인 진리를 받아들이면서 이 경험을 살려 실패의 빈도를 최대한 낮추는 일은 경험과 지혜를 갖춘 노·장년층에서 나온다는 것을 우리 모두 공유했으면 하는 바람이다.

이제 수명 100세 시대라고 한다. 정년 후 내가 일했던 시간만큼의 시간이 남아 있다. 정년을 정하여 무차별적으로 단절시킬 것이 아니라 살아있는 지식과 지혜를 활용하여 연구개발에 같이 참여하여 윈·윈 하는 사회를 만들었으면 한다.

수십 년 간 국가나 기업이 막대한 투자를 하여 양성한 인재들을 너무나 쉽게 버리는 좋지 않은 관행을 갖고 있다. 노·장년이 일자리를 차지하고 있어 젊은이의 일자리가 없는 것이 아니다. 새롭게 일자리를 만들 수 있는 능력이 없기 때문이다. 성공하는 R&D는 노·장년의 지혜와 경험, 젊은이의 패기와 열정의 합작품으로 성공할 수 있고, 이를 통하여 새로운 일자리가 창출된다.

5. 먹방 유감

최근 많은 시청매체가 먹는 것을 방송하는 것, 소위 '먹방'으로 알려진 프로그램의 횟수가 지나치다는 느낌이다. 먹는 것이 우리 생활에서 중요한 것은 사실이지만 도가 지나치면 순기능보다 역기능이 우세하지 않을까 염려가 된다. 특히 자칭 전문가들이라고 하는 사람들이 과학적으로 입증되지 않은 정보를 전달하여 시청자들이 정확히 이해하는데 도움이 되지 않게 하는 현상은 가히 정상은 아니다. 별난 방법으로 조리하고 먹고, 마시는 것이 어떻게 이렇게 붐을 일으키고 있는가? 이는 요사이 팽배한 사회 불안과 관계가 되지 않는지 생각해본다. 불안은 불확실성에서 오고, 한치 앞도 보이지 않는 현실에서 내일을 생각할 때 오늘을 종잡을 수 없는 막연한 심리적 불안정이 인간의 원초적인 욕구인 먹는 것에 꽂히는 모양이다. 여러 본능 중에서 가장 우선인 식욕의 해결 매체인 먹는 것이야 말로 부담 없이 보고 즐길 수 있는 대상이 되기 때문으로 보인다. 또 한편으로 소비자의 욕구를 이용하여 가장 쉽고 값싸게 시청자의 귀와 눈을 잡을 수 있기 때문이 아닌가 하는 생각도 든다.

음식이 생존에 가장 필수품이라는 것을 모르는 사람은 없다. 그러나 먹는 것에 너무 몰입하다보면 인간과 동물의 차이, 즉 깊은 사고의 능력을 퇴화시키는 매개체 역할을 하지 않을까 우려된다. 현재 우리나라의 사정은 한가하게 먹는 것에 몰입하도록 유도하는 것은 그렇게 바람직하지 않다고 여겨진다. 지금 우리의 현실은 매일매일 어려워지는 경제사정, 젊은이의 일자리 부족, 이런 여건에 따라 출산율의 감소, 가장 튼튼한 경제의 버팀목이 되어왔던 수출량의 감소, 그리고 북한을 포함한 국내외 위험한 안보상황, 어느 것 하나 만만한 것이 없으며 결코 몇 사람의 노력으로 해결될 문제도 아니다. 이들 모두가 불확실성이라는 큰 그림자를 만들고, 이 그림자가 우리를 덮고 있는 상황이며 이 불확실성이 불안으로 번져나가는데 우리는 계속하여 먹는 것 타령이나 하고 있어야 하는가? 요리하고 먹는 것은 우리의 일상이고, 이것들이 결코 새롭게 부각될 일도 아니다. 인류가 지구상에 나타난 이래 먹어왔고 앞으로도 먹는 것 자체는 변화가 없을 것이다. 음식은 농수축산물을 바탕으로 한 식재료를 사용하여 조리, 가공방법에 따라 맛과 특성이 달라질 수는 있지만 근본적으로 음식이라는 본질은 차이가 없다. 이들 음식에서 우리 앞에 닥쳐오고 있는 국가적 어려움을 극복하는 방법을 찾기는 어렵다고 느껴진다.

지금은 우리의 지혜를 모으고 힘을 합쳐 어려움을 하나하나 헤쳐 나가는 국민 모두의 결집된 노력이 절실히 필요한 시점이다. 당장의 어려움을 잠시의 가벼움으로 대체하여 위로를 받을 만큼 한가하지 않다. 모든 언론 매체를 포함하여 국가의 근간인 법을 제정하는 국회나 정책을 수행하는 정부의 관리들은 당장의 자기 이익에 눈이 어두워 미래를 보는 눈을 감지 말고, 험난한 회오리바람 속으로 빨려 들어가는 우리나라의 사정을 직시하여 후손에게 길이길이 지탄받을 처신을 하지 않기를 바란다. 내가 가장 사랑하는 내 아들과 딸들, 또 그들의 자식들이 살아갈 내 나라이다. 근세사에서 나라를 잃고 전쟁에 시달렸던 뼈아픈 세대가 그 통한을 가슴에 품고 지금 살아있다. 다시는 이러한 불행이 우리에게 닥치지 않도록 모두가 자성할 때이다. 언론은 미래지향적이며 우리 모두가 생각을 함께하여 이 난국을 헤쳐 나가기 위한 국민의 결집된 힘을 북돋우는 역할을 해주길 기대한다.

6. 새만금에 곡물 콤비나트 설립 절실

새만금사업은 우리나라의 지도를 바꿀 만큼 규모가 큰 국가사업이다. 전라북도에 위치하여 이 지역 발전과 깊은 관계를 갖게 되며 사업의 진척에 따라 지역을 넘어 국가 발전의 큰 원동력을 얻을 수도 있을 것이다. 조금 지지부진했던 이 사업을 활성화하기 위하여 국가는 새만금개발청을 신설하였고, 새만금 사업추진 및 지원에 관한 특별법에 근거하여 업무를 총괄하고 있는데, 국가차원의 사업이긴 하지만 지역민의 기대 또한 매우 크다.

구체적인 사업계획이 수립되어 동북아 경제 중심지로 도약하기 위한 사업이 진행되고 있는데, 전체 토지 이용계획 중 농업용지는 전체면적의 30.3%(85.7㎢)로 가장 큰 면적을 차지하고 있다. 그 내용을 보면 농업, 복합곡물단지 등으로 구성(2014.2.19. 업무계획)하겠다는 계획이다. 전체 이용계획은 확정되어 있으니 계획대로 수행되기를 희망하며, 이 중 복합곡물단지 조성에 대하여 의견을 개진하고자 한다.

우리나라 식량 자급률은 24%(사료용 포함, 농식품부, 2015.)로 부족한 식량자원을 포함한 가공 및 사료용 원료인 콩·밀·옥수수 등은 국내 수요량을 충족시키기 위하여 연간 총 약 1억 6872만 톤의 곡물을 수입하고 있는 실정이다. 국내 농업 생산여건을 검토해 볼 때 이들 수입되는 곡물을 증산하여 대체할 가능성은 희박하고 결국 계속하여 비슷한 물량을 수입할 수밖에 없는 처지이다. 따라서 이들 수입되는 곡물을 어떻게 가장 효율적으로 활용할 것인가를 깊이 검토할 때이다. 현재 수입되는 이들 곡류는 거의 전량이 가공원료로 이용되어 가공식품과 사료 제조에 사용되고 있다. 이들 곡류는 부산·인천·목포 등 항구를 통하여 수입되며, 제분공장·제유공장·사료공장 등으로 공급되고 있다. 즉 수입된 곡류는 항구로부터 원거리 수송으로 전국에 산재한 각 가공공장에 배분된 후 소비자 제품으로 가공되어 다시 전국 각지 소비처에 배송되는 시스템이다. 이 과정에서 밀가루 등 중간재 포장과 장거리 수송에 따른 물류비용 상승, 품질 열화가 만만치 않다.

새만금지역은 새로 구축되는 항구에서 곡류를 수입하여 현지에서 모든 관련 가공제품을 한 단지 내에서 만들 수 있는 절호의 기회를 맞고 있다. 이와 같은 시스템을 '콤비나트(kombinat)' 라고 하는데, 상호 연관된 기업의 공장이 일정지역에 집중되어 유기적으로 결합된 형태로 서로 다른 제품을 생산하는 공장이 모여 있는 클러스터와는 성격이 다르다. 즉 새만금 항구에 수입된 밀과 옥수수는 선상에서 제분공장으로 직접 연결되거나 사일로에 저장된 후 밀가루로 가공되어 한 단지 내에 있는 과자류, 국수, 라면, 제빵 공장 등에 생산된 밀가루를 파이프로 공급함으로써 일관된 작업이 가능하다. 콩은 제유공장에서 착유 후 식용기름을 상품화하거나 라면·빵공장 등에 바로 공급이 가능하고, 이어서 동일 지역 내 여러 공장에서 배출되는 대두박·밀기울 등 부산물은 파이프라인으로 연결되어 사료공장으로 직접 배송되어 배합사료를 만든다. 이들 공장에서 필요한 포장지나 기계류는 별도 현지에 공장을 두어 공급해 줄 수 있다.

여기서 생산된 가공제품은 국내 수요에 충당 가능하거나 주로 수출상품화 하여 가공식품의 수출 확대에도 기여할 수 있을 것이다.

이 식량 콤비나트에는 필수적으로 곡물을 저장할 수 있는 대형 사일로를 구축하여 원료를 확보함으로써 안정적으로 물량 공급이 가능해야 할 것이며, 향후 곡물 수입국으로 될 가능성이 높은 중국을 겨냥한 곡물 비축용 기지의 역할로 할 수 있을 것이다. 결국 수입하는 곡류는 세계 곡물메이저들과 손을 잡아야 할 것이며, 이들의 힘을 빌려 필수 식량을 확보함으로써 국가 식량안보를 튼튼히 하고, 나아가 국가안전을 기할 수 있는 지렛대 역할도 덤으로 기대할 수 있을 것이다.

식량 콤비나트는 곡물수입항이 구축되고 배후에 원부재료 공급기지가 있으면서 대중국 수출길이 가장 가까운 새만금이 적지이다. 이를 위하여 처음 구상부터 착실히 10년 대계를 구축해 나아가야 할 것이다. 주재료인 수입 곡물을 제외한 모든 식재료는 이 지역 배후 지역에서 생산되는 농산물의 생산지와 연결하는 계획을 세워 농민이 생산한 식재료를 이용함으로써 이들의 소득증대에도 크게 기여해야 할 것이다.

7. 인도, K-푸드 붐을 일으킬 기회

조선일보 등이 주최한 한·인도 비즈니스 서밋을 계기로 인도를 향한 우리 경제인의 발걸음이 빨라질 기미를 보이고 있다. 인도는 핵기술과 우주선을 띄운 과학기술 수준, 13억 명의 소비자 수, 그리고 경제규모로 봐서 중국 다음으로 우리가 각별히 관심을 가져야 할 국가임에는 틀림없다.

이미 IT, 자동차 등에서 관계를 가져왔지만 협력할 영역을 확대하여 새로운 분야를 발굴, 진출을 추진할 때이다. 앞으로 가능이 있는 분야 중 하나는 식습관 등 여러 여건을 감안할 때 식품분야가 전망이 밝다. 특히 K-푸드로 세계에 우리 식품의 위상이 높아졌고, 특히 경쟁력을 갖춘 발효식품분야의 진출은 아주 가능성이 높은 분야이다. 현재 세계인의 식탁에는 약 5000여 종의 발효식품이 오르고 있으며, 이중 인도에는 500여 종이 일상 식품화되어 있어 발효식품에 친숙한 민족이다. 특히 쌀을 주식으로 하는 식습관에서 우리의 많은 발효식품이 크게 저항 받지 않고 인도 시장에 정착할 수 있는 가능성은 높다. 특히 김치, 장류 등과 함께 제과, 제빵 나아가 조미료 등의 시장 침투는 어렵지 않을 것으로 추정된다. 세계 식품시장은 5.6조 달러로 추정되며(AT 커니) 그 중 약 34%가 아시아 태평양에 시장을 두고 있다. 특히 급격히 성장하고 있는 인도의 식품시장은 관련 제조기술과 마케팅 경험이 풍부한 우리나라 기업이 도전할 충분한 매력이 있다.

이미 조선일보 '도전의 시험대 인도(데스크 2016.1.22.)'에서 지적한대로 현재 인도 여건은 기반 설비 등 몇 가지 어려움이 있지만 발전하는 속도와 최고 국가지도자의 의지, 사회 환경의 변화는 빠른 발전적인 변화를 예측하게 한다. 이런 추세를 기회로 삼아 포화되는 우리 식품산업의 출구로 중국을 넘어 인도를 선택할 충분한 경제적 가치가 있다. 인도에 대한 사업은 완제품의 수출도 필요하나 이 나라의 값싸고 풍부한 식품소재와 인력을 활용한 현지 가공공장을 운영하고, 생산된 제품은 자국 시장 및 제 3국에 수출하는 방법을 구상할 수 있을 것이다. 기업적인 성공을 거두기 위해서는 현지인의 식습관, 시장규모, 종교적 배경, 마케팅 전략 등이 면밀히 조사되어야 할 것이다. 우리기업은 이들 경험을 충분히 갖추고 있다.

미생물이 기반이 되는 발효식품은 식품 그 자체로 가치도 있지만 발효로 얻을 수 있는 아미노산, 효소 등을 포함한 의약품, 기능성식품과 나아가 화장품까지 그 영역을 넓힐 수 있으며, 기술을 기반으로 차별화된 경쟁력 있는 독창적인 산업분야로 확대시킬 수 있을 것이다. 식품수출은 경제적 효과와 함께 우리 식문화를 알려 국가의 위상을 높이는 가장 효과적인 매체이다.

8. 기업과 가정에서 물 절약 생활화해야

재물을 헤프게 쓰는 경우 물 쓰듯이 한다는 말을 한다. 이제 이 말은 더 이상 경구로만 사용할 수 없는 처지가 되었다. 지구에 존재하는 활용 가능한 먹을 수 있는 물은 한정되어 있고 결코 더 만들어지지는 않는다. 산업발달과 인구증가, 인간 삶의 질 향상에 따라 세계적으로 물 사용량은 급격히 증가하고 있다. 증가하는 양에 비례하여 물이 새로 생산되지 않는 것이 문제이다. 물 자원은 비와 이 빗물이 스며들어 저장된 지하수가 그 전부인데, 지역에 따라서는 빗물의 활용도가 높은 반면 그렇지 않은 경우도 많으며 뽑아 쓰는 양이 많아 지하수도 서서히 고갈되는 어려움을 겪고 있다.

우리나라도 물 부족국가로 지정된 지 오래이다. 저수지의 확충 등 물 관리에 국가의 노력이 계속되고 있으나 가장 많이 사용하는 농업용수는 수요량을 제한하기 어렵고, 날로 증가하는 각종 제조업체의 물 수요량 또한 증가폭을 낮출 수 없는 처지이다. 특히 가정에서 필요한 생활용수는 모두가 노력하지 않으면 효과를 거두기 어렵다. 산업부에 따르면 세계 인구증가로 1년당 사용 가능한 물의 양이 감소하는 추세이며, 우리나라도 2060년에는 수요량 대비 33억 톤의 물이 부족할 것으로 전망되고 있다.

식품분야에서는 2015년 원료의 생산, 제조, 유통, 폐기 과정에서 소요되는 물의 양을 표시하는 KS국가표준 물 발자국(water foot print)이 제정되었다. 이는 국제적으로 심각해지고 있는 물 부족 문제를 해결하기 위한 절약수단으로 도입되었고, 유럽연합도 제품규제로 도입할 것이라고 밝히고 있다. 실제 125㎖ 커피 한 잔의 물 발자국은 재배, 가공, 유통 과정 등을 거치면서 6056배에 달하는 132ℓ, 1kg의 소고기를 생산하기 위해서는 15,515ℓ의 물을 사용해야한다.

물 발자국 제도 시행 시 국제적으로 환경 정보 요구는 우리기업에도 무역 기술 장벽으로 작용할 가능성이 있다고 우려하고 있다. 이와 같은 걱정은 인간의 생존에 가장 중요한 물 부족사태를 미리 막아보자는 의도이며, 이 활동에 우리 농업분야와 식품제조업도 적극적으로 참여하여 국가적인 물 부족사태를 완화하면서 후손에게도 쓸 수 있는 물을 충분히 남겨주어야 할 책무가 우리에게 있다.

우선 물 사용량이 가장 많은 농업분야에서는 땅으로 흡수되는 물의 양을 최소화 하고 이를 회수하여 재사용하는 방법을 연구·적용해야 할 것이다. 모든 작물의 최소 물 필요량을 계산하고, 가장 적절한 양을 적기에 공급하는 시스템을 구축해야 한다. 이 과정에서 IT기술이나 종합 관리시스템인 IoT기술의 도입을 적극 검토해야 할 것이다. 장기 과제로 많은 관련 과학자들이 참여하며 가장 효과적인 방법을 도출했으면 한다. 식품제조업 분야에서는 지금의 물 사용량을 어림잡아 1/4정도 쉽게 절약할 수 있다. 한 중견식품가공업체는 작년도 연간 4000톤 물 사용에서 가공공정의 개선과 누수방지,

직원들의 적극적인 참여로 거의 25%의 물을 절약하여 총 사용량을 3000톤으로 줄였고 앞으로도 더욱 박차를 가하여 절약노력을 계속할 것이라 다짐하였다. 절약되는 물은 물 값 부담은 물론이고, 폐수 처리 비용이 그만큼 낮아지므로 제조원가에 영향을 주어 제품의 경쟁력을 높이는데 기여할 것이다.

일반적으로 식품가공에는 제품 1톤 당 약 10톤의 물(통조림공장의 경우)이 소요된다고 한다. 이 양은 공정개선이나 제조방법의 개선, 사용한 물의 재처리 활용 등 물 사용량을 줄일 수 있는 여지는 많다. 가공공정의 개선, 종업원의 마음 자세와 관리자의 관심이 크게 영향을 미칠 것이다. 아울러 각 공정별로 소요되는 물의 양을 정확히 파악, 집중 관리하는 방안도 효과가 있을 것이다.

이 지구상에서 물은 재생산이 불가능한 자원이다. 어떻게든 우리나라에 떨어지는 물을 잘 관리하고, 사용량을 절감하여 인간 생존에 필수인 자원을 효율적으로 사용해야 할 것이다. 가정이나 외식업소에서도 물 사용량을 절감하기 위한 사회운동이 필요한 시점이다. 장기적으로 우리나라가 앞선 기술을 보유한 해수 담수화 기술을 더욱 발전시켜 국내뿐만 아니라 중동 등 물 부족 국가에 우리 기술을 수출하는 활로를 크게 열었으면 하는 바람이다.

9. 물들어 올 때 배를 젓자

요 며칠 사이 우리나라 농업과 식품산업에 대하여 국가 최고 책임자와 농림축산식품부 장관의 각별한 관심을 보이는 행사가 잇따라 있었다.

안성에서 개최된 '농업미래성장산업 대토론회(2014.11.19.)' 에서는 우리 농업의 장래와 발전방향이 심도 있게 제시되었고, 각계 전문가들의 토론을 통하여 의견이 모아졌다.

이어 2014년 11월 24일 익산에서 국가식품클러스터 기공식에 참석한 대통령이 새로 착공하는 국가식품클러스터는 R&D를 기반으로 한 수출 지향적 특수한 산업단지로 조성하여 성장산업으로서 식품산업을 선도하는 역할을 담당하도록 임무를 제시하면서 농업과 식품기업, 그리고 연구기관의 상호 협력을 통하여 융·복합 창조 경제의 모델로 성장할 것을 당부하였다.

이를 위하여 정부에서도 창업단지, 지원시설, 조세감면 등 다각적 지원을 약속하였다. 특히 원료, 도로, 항만 등 여건이 좋은 전라북도의 특징과 발효식품의 장점을 잘 살려 특화된 산업단지로 육성할 것을 기대한다고 하였다.

지금까지 국가 최고 책임자와 관련 분야 장관이 잇따라 농업과 식품산업의 육성, 지원을 직접적으로 약속한 예는 많지 않았다.

농업분야에서 가장 타격이 클 것으로 예상되는 FTA 체결은 우리나라 농업이 새로운 국면 전환의 계기가 되고 시급히 미래 발전을 위한 특단의 조치가 필요하다는 공감대를 불러일으키고 있다.

이 시점에서 우수한 식품 원료권을 확보하고 있으며, 국내 유수의 농식품 관련 연구 기관을 품에 안았고, 더욱이 국가사업으로 수행하는 우리나라 최초의 종합식품 산업육성단지인 국가식품클러스터가 들어서는 전라북도는 이제 농업을 기반으로 한 2차, 3차, 6차 산업으로 도약할 수 있는 절호의 기회를 맞고 있다.

이 나라 역사 이래 전라북도에서 처음 맞는 호기를 도민과 이 지역 위정자들은 과연 어떻게 수용할 것인가를 깊이 고뇌해야 할 때이다. 아울러 이들 주어진 에너지원을 도약하는 발판으로 활용할 수 있게 현실성 있고, 효율성 높은 구체적인 계획을 수립하여 실행할 의무가 우리에게 주어져 있다.

우선 우리가 갖고 있는 재원과 우수한 인력, 국내외 여건 등 큰 잠재력을 서로 잇고 연결하며 조정할 능력 있는 중심체가 구성되어야 하고, 이 중심체는 관련되는 기관과 단체가 지향하는 목표를 공유하도록 하며, 이 목표를 향하여 힘을 모을 수 있도록 하는 특단의 조치가 필요하다. 기관과 단체별 업무가 중복되지 않게 특화된 기능을 분담하고 담당한 일들이 상호 연계되어 시너지 효과를 낼 수 있도록 조정되어야 한다.

한편, 국가식품클러스터는 장기 계획을 갖고 첫 단계로 기업이 찾아올 수밖에 없는 우수한 연구 및 특화된 교육 기관을 자체 설립 운영하고 기존 기관들과 연계하는 효율적인 시스템을 구축해야 할 것이다. 그 다음 기업을 유치하되 수출 능력이 있는 국내외 업체를 최우선 입주시켜 국내 기업과 경쟁하지 않으면서 수출할 수 있는 글로벌기업으로 육성하는 원칙을 세워야 한다.

치열한 상호 경쟁을 벌이고 있는 세계 모든 제조업은 산업에 관계없이 불황 중에도 기술 개발만이 생존의 수단이라는 것을 잘 알고 있어 이 분야의 투자를 계속 늘려가고 있는 추세이다. 농·식품 분야도 예외는 아니어서 미확보된 영역을 선점하고 새로운 제품을 개발하여 시장을 넓히려는 무한 노력이 피나게 진행되고 있다.

다행스럽게 전라북도는 우수한 연구 개발 인력을 확보한 연구기관이 이미 집적되어 있고, 관련 산업도 경쟁력을 갖추고 있으면서 국가의 지원도 확실하므로 가장 경쟁력 있는 조건을 갖추고 있다.

이제 내 조직에서 내가 다한다는 오만을 버리고 기관간, 전문가간, 학제간 협력과 협동만이 치열한 세계 경쟁에서 우리가 살아남을 수 있다는 절박감을 갖고 자세를 가다듬어야겠다. 아울러 내 전문 분야를 더욱 천착하여 세계적 전문가로 성장함으로써 개인의 역량을 키우고 이를 바탕으로 기관, 국가에 기여해야 할 것이다.

10. 비만의 재앙

매년 실시하는 건강 검진에서 몸무게와 키를 재고 나면 친절한 기계음이 들린다. 비만의 정도를 크게 알려주어 당황하게 만들기도 한다. 이제 비만을 항상 관리하게 하는 것이 일상이 되고 있다. 먹을 것이 없어 굶주림에 허덕이던 때가 겨우 몇 십 년 전인데, 상황이 크게 바뀌어 많은 사람들이 운동량은 적고 먹는 양이 지나쳐 과체중과 비만을 크게 걱정하고 있다. 비만의 문제는 극빈국인 세계 몇 나라를 제외하고 국가적으로 심각한 문제로 대두되고 있으며, 선·후진국을 막론하고 시급히 해결해야 할 과제로 떠오르고 있다.

비만이란 체내에 지방 조직이 과다하게 축적되어 건강을 해칠 수 있는 상태를 뜻하며, 판단하는 기준은 체질량 지수(BMI)를 사용하고 있다. BMI는 체중(kg)/신장(m)의 제곱으로 계산하는데, 저체중은 18.5미만, 정상 체중은 18.5이상, 25미만을 말하고, 과체중은 25이상에서 30미만, 비만은 30이상으로 구분하고 있다. 그 외 근육량을 감안한 지방량, 체지방 무게 등으로 달리 표현하기도 한다.

세계보건기구(WHO)에서는 비만을 21세기 신종 전염병으로 지목하는가 하면 유럽비만학회는 유행병으로 분류하기도 한다.

우리나라의 비만 유병률(만 19세 이상)은 31.9%에 이르고, 소아 청소년(2~18세)도 전체의 9.7%에 달하고 있으며, 매년 그 비율이 증가하고 있다(국민건강통계, 2011). 미국의 유병률은 남자 33.9%, 여자 35.9%로 심각한 상태이고, 전 국민 평균 BMI는 28.7로 과체중 상태이며, 유럽 국가도 예외는 아니다. 더욱 심각한 것은 식량이 부족한 상태인 저개발 국가에서도 영양 불균형으로 비만이 늘고 있다는 것이다.

비만이 문제가 되는 것은 각종 만성병, 즉 고혈압·심장병·당뇨 등의 발병률이 급격히 높아지고, 암의 발생 빈도와도 관계가 있다는 것이다. 이런 만성병 때문에 당사자는 외모의 스트레스와 함께 사회 활동에 지장을 주는 것은 물론, 국가도 노동력의 손실뿐만 아니라 의료비 상승으로 큰 부담을 안고 있다. 미국은 비만에 따른 한 해 지출이 120조 원에 이른다는 계산이며, 인구수에 비례하여 우리도 비슷한 비용이 지불되고 있을 것이다. 대략 1조8000 억 원 정도로 추산된다.

비만의 원인을 단순화하면 음식으로 섭취되는 열량에 비하여 운동 등으로 소비하는 양이 적어 남는 영양원을 체내에 비축하기 때문이다. 많이 먹고 운동량은 적으니 우리 몸은 과량의 칼로리 원을 부족할 때를 위하여 비축하는 과정이 계속되기 때문이다. 동물 중 유일하게 만물의 영장인 사람만이 과식을 하여 비만이 되는데, 야생동물은 아무리 맛있는 음식이라 하더라도 적정량 이상을 먹지 않고 나머지는 땅을 파서 묻어두는 슬기를 보이고 있다.

근래 연구된 결과에 의하면 비만은 섭취하는 음식의 양과 함께 장내 미생물의 균형과 이들의 역할이 비만과 깊은 관계가 있다는 것이 밝혀지고 있으며, 어릴 때 항생제를 과다 투약하면 장내 미생물 분포가 달라져 비만이 될 가능성이 높아진다는 것이다. 잘 알려진 대로 미국 비만이 군대에서 장성 진급에 결격 사유이다. 비만 관리는 건강관리의 최우선 사항이며, 사회적 성공의 바탕이기도 하다.

그럼 비만을 어떻게 관리할 수 있을까? 개인이 관리해야 할 사항으로는 첫째, 균형 영양을 고려하면서 칼로리 밀도가 높은 음식, 둘째, 지방 함량이 낮고 단백질 함량이 높은 고단백식품, 즉 두류식품·생선·계란 등을 선택하여 충분한 고급 단백질을 섭취한다. 셋째, 세 끼니를 거르지 말고 조금씩이라도 먹어서 뇌에서 음식 섭취를 명령하는 것을 막아야 한다. 넷째, 적정량을 먹었는데도 공복의 신호가 올 때 물을 먹어 위를 달래는 방법을 써야 한다. 아울러 될 수 있는 한 천천히 먹고 한 끼 양을 줄여야 한다. 식사량을 40% 줄이면 20년을 더 살 수 있다는 연구결과도 유념해야 한다. 이들 모두가 상식에 속하는 내용이지만 잘 지키지 않는 것이 문제이다.

우리 시대에서 비만은 재앙이다. 이를 막기 위한 비만의 관리는 자신의 외모 문제를 떠나 건강하고 알찬 삶을 위해서 필수 사항이 되고 있으며, 비만으로 사회와 국가에도 피해를 준다는 것을 함께 생각했으면 한다.

11. 식생활 개선은 소비자 수용이 먼저다

안전성과 관련이 없는 경우 먹는 식품을 강제로 관리하려는 정부의 시도가 소비자에 의해서 보기 좋게 KO패를 당하였다. 덴마크에서 세계 최초로 도입(2011.10.01)한 비만세가 비용 부담과 소비자 거부로 실패하여 관련법을 폐기하기로 발표하였다. 아주 자연스러운 결과이다. 덴마크에서는 법에 따라 포화 지방 kg 당 16덴마크 크로네(약 3400원)를 부과하자 버터와 올리브유 가격이 각각 14.1%, 7.1%가 상승하였고, 이에 따라 소비자의 구매량이 급격히 감소하면서 정부가 후퇴하는 양상을 보였다.

사실 비만의 문제는 한 나라에 국한된 것이 아니라 전 세계의 문제가 되었고, 세계보건기구(WHO)는 비만을 21세기 신종 전염병으로 분류하여 관리하려는 시도가 진행되고 있다. 비만세를 도입한 덴마크만 하더라도 국민의 47%가 과체중이고 13%가 비만인 상황에서 어떻게든 이런 국가적 건강 위해 사태를 막기 위한 조치의 필요성을 절감했을 것이다. 이런 상황을 감안할 때 이해는 간다. 그러나 수백 년간 우리가 먹어왔던 음식을 안전성이 아닌 기호적 측면인 사항을 법으로 규제하려는 시도는 옳은 방법은 아니라고 여겨진다.

우리의 비만 사정도 여러 유럽, 미국에 비하여 결코 안심할 수준은 아니다. 2010년 통계를 보면, 지난 10년간 과체중 인구가 1.5배나 상승하였고(BMI 25이상), 이 중 남성이 36.3%, 여성은 24.8%로 남성이 더 높은 비중을 보였다. 미국은 더 심각하여 전체 인구의 67.5%가 과체중으로 판정되어 여러 선진국의 대표적인 양상을 보여주고 있다.

비만이 문제가 되는 것은 고혈압, 당뇨, 이상 지혈증 등 만성 질환 발생과 직접적인 관계가 있기 때문인데, 이들 질병군이 정상인에 비하여 2배 이상 높아진다는 보고이다. 우리나라의 경우 2011년 성인 비만으로 인해 발생하는 직·간접 사회 비용이 3조4000억 원에 이른다는 발표도 있다.

비만의 원인은 잘 알려진 바와 같이 지방·탄수화물 등의 과도한 섭취와 경제적 불안, 운동 부족 등이며, 대부분 식생활 개선으로 상당 수준까지 예방이 가능하다. 그러나 음식과 생활 개선은 단기적이고 단편적인 처방으로 정착시키기는 지극히 어렵고, 장기적이고 치밀한 계획이 뒷받침되어야 할 것이다. 특히 소비자 자신의 의지가 무엇보다도 우선되어야 한다는 것은 상식이다. 세금과 같은 징벌적 조치나 법적 관리로 불가능한 이유이다.

비만 관리 및 치료를 위한 주요국들의 시장 규모는 5억 달러(2008년)에 이르며, 우리나라도 다이어트 관련 시장이 3조 원(2010년)에 달하고, 향후 계속하여 시장이 확대될 것으로 예상되는데, 국가적으로는 예방 수단이 제일 먼저 강구되어야 한다.

비만의 관리는 무엇보다도 성장기부터 예방이 최우선이며, 가장 먼저 노력할 분야가 균형 잡힌 식생활이다. 현재 정부가 의욕적으로 시도하고 있는 소금 덜먹기 운동, 당 사용량 감소 등은 꼭 필요한 운동이나 정부가 앞장서서 해야 할 업무는 아니라고 여긴다. 이런 일은 민간단체의 수십 년에 걸친 지속적인 활동, 그리고 성장기 어린이들에 대한 치밀하고 접근 가능하며, 지속적인 교육이 가장 효과적인 방법이며, 실효를 거둘 수 있을 것이다. 정부는 이런 민간 활동을 체계적으로 지원하고, 한편으로는 식생활 개선을 청소년 교육과정에서 다루어 자연스럽게 관련 지식과 정보가 몸에 배도록 해야 할 것이며, 이런 과정을 거쳐 내 건강을 내가 지켜야 한다는 생각을 갖도록 유도해야 한다.

국민의 비만 예방 활동은 정부의 강압적인 수단보다는 소비자의 인식 전환이 앞서고 이어서 외식 및 식품 산업이 소비자의 요구를 읽어 저염, 저지방 및 저당 제품을 제공하는 순서로 되어야 한다. 소비자가 먹는 식품을 선택하는 기준은 기호가 제일 우선이며, 이 기호에 가장 큰 영향을 미치는 성분이 비만과 관계되는 지방, 단맛을 주는 당류, 소금이다. 이들은 인체에 필수 영양 성분이나 과량 섭취가 문제가 되는 것이다. 수천 년 동안 정착된 이들 성분의 함량을 낮추는 데는 상당한 시간과 노력이 필요하다. 이 운동은 맛의 기준이 아직 고착되지 않은 유아, 어린이들부터 시작하는 것이 순서가 될 것이다. 강제하려는 시도는 누구에게도 도움이 되지 않는다. 식품의 기호문제는 법으로 강제해서 될 일이 아니다.

12. 식품산업은 규제를 넘어 진흥시켜야

외식업을 포함한 우리나라 식 산업의 규모는 144조 원(2011년)에 달하고 종사하는 인력은 200만~250만 명에 이르며, 연간 80억 달러(2012년)를 수출하면서 국민의 식생활과 생명을 책임지는 생명산업이다. 이런 이유로 최대 화두는 영양적으로 건전하고 '안전한 먹을거리'를 생산하여 소비자에게 공급하는 데 관심이 집중되고 있다. 현재 국내에는 2만4000여 식품 가공업체와 20~30만 외식업체가 영업활동을 하고 있는데, 기업은 제일 목적인 이익 창출과 함께 안전 제품의 생산 공급이 생존에 가장 우선시되는 책무이자 가치다. 우리나라에서 식품산업에 평생을 바친 기업인의 기업 운영 철학은 우수한 식품을 생산하여 국가와 국민에게 기여한다는 이념에 궤를 같이 하고 있다. 광복 후부터 한결같은 장인 정신으로 우리나라 식품업계를 이끌어 온 기업은 많다. 세계에 알려진 과자, 라면, 음료, 다양한 조미료 등 오랜 기간 사랑을 받아온 세대를 뛰어넘는 브랜드가 상당하다. 이들 제품들은 국내에서 성공을 발판으로 해외에서 성과를 올리는 기업도 다수다. 케이팝(K-Pop)과 함께 한국의 식문화를 알리는 첨병으로 미국, 유럽, 동남아, 중국, 러시아, 일본 등지에서 차별화되고 독특한 한국의 맛을 전파하고 있다. 단적인 예로 세계 어느 나라의 슈퍼마켓이나 백화점에서 우리나라

가공식품을 쉽게 접할 수 있으며, 유럽의 지붕이랄 수 있는 스위스 융프라우 정상에서도 우리 라면을 볼 수 있다. 지구 최남단 도시인 칠레의 푼타아레나스에서도 우리 제품을 맛볼 수 있다. 우리 식품이 글로벌화 되었다는 것을 외국 여행자라면 쉽게 느낄 수 있을 것이다. 그런데 하나 이상한 점이 있다. 국내에서 큰 사랑과 높은 시장 점유율을 기반으로 세계 시장에서 활약하고 있는 식품기업은 많은데, 그 활약상이 세계적인 식품 기업과는 너무도 차이가 난다는 점이다. 휴대폰이나 백색 가전, 반도체, 자동차, 철강, 조선, 금속 등 다양한 산업에서 국적 기업의 활약상이 눈부신 반면, 식품업계에서는 세계적으로 주목 받는 한국기업이 드물다는 것이다. 실제로 2012년 세계적인 언론사인 톰슨 로이터 자료를 살펴보면 2011년 매출액 기준 세계 식품기업 순위에서 CJ제일제당이 61위로 100위권 안에 있을 뿐 농심과 대상, 롯데칠성음료는 150위권 밖이다. 1위는 약 900억 달러의 매출을 올린 스위스의 네슬레인데, CJ제일제당보다 15배 이상 큰 규모를 자랑한다. 정부가 2020년까지 매출 10조 원이 넘는 '한국판 네슬레' 같은 세계적인 식품 기업 5곳을 육성키로 야심차게 발표한 것이 2010년의 일이다. 2012년 기준으로는 아직 '한국판 네슬레나 하인즈' 는 아직 요원하다. 국가 차원에서 적극적으로 밀어주겠다는 의지가 무색하게 요즘 식품기업들은 물가 상승의 주범으로 골목상권을 죽이는 가해자로 언제든지 불량식품을 만들어 낼 수 있는 예비 범죄자로 취급을 받고 있는 상황이다. 원인이 식품기업에게 있다고 하기에는 뭔가 석연치 않다.

한편으로는 국내 시장에서 어렵게 키운 경쟁력을 발판삼아 세계로 진출해야 할 외식산업 역시 덩치가 조금 있다고 하여 해당 시장에서 몰아내기를 당하고 있다. 이 때문에 관련 기업들은 사업 규모를 축소하고 신규 채용을 전면 중단하는 등의 자구 수단을 강구하고 있다. 대기업이 빠져나간 동네 골목에는 중소규모의 프랜차이즈가 들어서 자기 이름을 내건 소규모 빵집이 힘들기는 매일반이라는 것이 중간 평가다. 식품업계는 현재 진행 중인 정부의 불량 식품 단속에도 속앓이 중이다. 대기업들은 HACCP(식품안전관리인증) 지정은 물론 보다 철저한 안전관리기준으로 하나의 실수라도 예방하려고 노력하고 있다. 우리나라 식품안전관리기준은 다른 나라와 비교해도 매우 높은 수준이다. 문제는 자금력과 전문 인력 부족으로 안전관리분야에서 어려움을 겪고 있는 중소업체들인데, 여러 행정기관이 '한 건'을 위해 경쟁적으로 달려들다 보면 과거 '우지 파동'이나 '쓰레기 만두 사태'가 재현되지 않으리라고 장담할 수 없기 때문이다. 안전관리는 사후처벌보다 예방이 우선이고 이런 지원은 국가 차원의 배려가 필요하다. 지금 세계에서 코리아의 저력을 뽐내며 활약하고 있는 수많은 한국기업의 성공 비결은 내수에서 검증된 기술력을 바탕으로 세계화를 위한 기업 의지와 국가적 지원의 합작 등의 결과로 여겨진다. 그러나 최근의 식품산업 전반의 흐름은 공격적 경영이 아니라 극히 방어적이라는 데 문제가 있다. 정부와 여러 이익단체 등 여기저기 눈치를 보아야 살아남을 수 있는 현실에서 신제품 개발과 시장 확대를 위한 투자의 여력이 있을 리 없다. 식품산업은 국민의 생명을 책임지는 중요한 역할을 담당한다. 과거에는 직접 원재료를 키워 먹었다면 지금은 식품업체들이 만든 식품을 사서 먹는 비중이 70~80%에 이르고, 집에서보다 외식하는 빈도가 훨씬 높은 현실에서 식품산업이나 외식업은 이제 소비자와 밀착된 '국민기업'이다. 그런데 이 국민기업을 물가를 올리는 비양심 기업이요, 소상공인을 죽이는 악덕기업이며, 언제 또 사고를 칠지도 모를 문제아라고 몰아붙이는 인상을 주는 것은 이 나라 어느 누구에게도 도움이 되지 않을 것이다. 기업이 잘 되는 것은 시장에서 얻은 적정한 이윤을 연구 개발에 투자하여 신기술에 기반을 둔 신제품을 생산하고 경쟁력을 향상시키는 것이다. 여기에 좁디좁은 국내에서 벗어나 세계로, 미래로 달려갈 수 있는 여력을 비축하며 국가도 이를 위하여 여러 지원을 해 주고 있는 실정이다. 식품산업은 미래의 인류 먹을거리를 책임질 핵심 산업이며, 발전 가능성이 무궁무진한 신 성장 동력이다. 어떻게 키워 내느냐에 따라 휴대폰처럼 세계 시장을 호령할 수 있는 가능성이 높은 산업일 수도 있다. 수많은 외국인이 메이드 인 코리아의 스마트폰과 에어컨, 자동차를 쓰고, 우리의 김치·불고기·막걸리·장류 등과 함께 라면 등의 매운 맛에 큰 관심을 두고 있으며, 향후 큰 산업으로 성장할 확실한 잠재력을 갖추고 있다. 세계 식품시장은 5조~6조 달러에 이른다. 이 시장을 우리가 넘볼 수 있게 여건을 만들어야 한다. 이러한 상황에서 우리가 제품력이 아닌 여러 가지 규제에 의해서 주춤거리는 사이 세계의 경쟁국들은 새로운 시장을 향해 돌진하고 있다. 예를 들어 거대한 중국식품시장을 두드리기 시작한 것이 20여 년이 되었지만 초코파이와 신라면, 다시다 등을 빼고서는 딱히 내세울 브랜드가 없다. 집안에서 기죽인 자식이 집밖에서 크게 신바람이 날 리가 없는 까닭이다. 식품산업이 보다 발전하고 세계 시장에서 활약하려면 미래의 비전 제시와 함께 먼저 식품산업은 내수산업이라는 우물 안 사고에서 빨리 벗어날 일이다. 잠재적 문제아라고 낙인찍고 감시하기보다는 그들이 더 잘 해 나갈 수 있도록 다른 산업과 비슷한 수준의 형평성 갖춘 지원이 요구된다.

13. 국가 경제에 미치는 식품산업의 영향

식품산업은 좁은 의미에서보다 전체 제조업에서 연계 산업을 함께 조망할 필요가 있다. 직접 관련된 산업을 보면 1차 산업인 농·축산업, 식품소재의 전 처리산업, 가공업과 외식산업, 상품을 소비자에게 전달하는 유통업, 원·부재료 및 완제품 저장산업 등이 포함될 것이며, 지원 분야로 식품기계제작업 및 포장산업, 수송업 등이 망라되는 거대 산업 군이다. 식품가공 산업, 외식산업, 유통업만 포함해도 전 매출액이 340조 원에 이르며 농산물을 포함하면 근 400조 원에 달하게 된다.

따라서 식품·외식산업은 한정된 산업 개념에서 연관 산업과 함께 고려해야 할 것이며, 식품·외식산업 발전을 위해서는 제시된 모든 분야가 망라되어 동반 성장해야 국가적으로 최대의 효율을 기대할 수 있을 것이다.

근래 정부에서 가장 큰 관심의 대상인 일자리 창출에서 식품산업의 고용 효과를 볼 때 매출액 1억 원 증가 시 국내 산업 평균 2.2명에 비하여 식품분야는 3.6명으로 의료 2.4명, 의약품 1.5명에 비하여 월등히 높으며, 식품제조업이 10억 성장 시 농어업 생산 유발은 3.4억 원, 취업 유발은 3.0명, 외식업은 각각 1.6억 원, 20.5명이 될 것으로 추계하고 있다, 즉 식품·외식 산업 육성을 통하여 일자리 창출과 어려움을 겪고 있는 우리나라 농업 분야의 육성 발전에 크게 기여할 수 있는 가능성을 보여 주고 있다.

이와 같은 경제 효과를 기대할 수 있는 식품산업의 현실을 보면 서서히 국내 시장이 포화되어 업체 간 경쟁이 치열해지고 있으며, 다른 한편으로는 값싼 수입상품들과 가격 및 품질 경쟁을 해야 하는 이중고를 겪고 있다. 또 주 가공용 원료인 콩·옥수수·밀 등은 거의 90% 이상을 수입에 의존하여 국제 경쟁력을 갖는 데 큰 어려움이 있고, 이에 따라 국제 곡물가의 변동에 지극히 민감할 수밖에 없는 우리나라의 현실이다. 이들 여건을 감안하면서 국내 식품산업을 계속 성장시키기 위해서는 수출 확대는 불가피한 선택이다. 그간 정부와 기업의 계속된 노력과 지원으로 식품수출은 꾸준히 증가하여 2012년 80억 달러에 달하였고, 100억 달러 수출 목표를 설정여 노력하고 있다. 식품산업 육성과 농어업 발전을 위해서 수출 지향적 정책 수립은 옳은 정책 방향으로 여긴다.

식품 및 외식산업을 계속 육성하고 수출 산업화하기 위해서는 첫째, 옳은 정책 수립이 우선되어야 한다. 즉 산업의 육성 분야와 식품으로서 가장 기본 요건인 안전성 확보를 위한 규제 관리가 조화를 이루면서 산업이 계속 성장할 수 있는 힘을 기르도록 정책의 일관성과 지속성을 유지해야 한다.

둘째, 연간 매출액이 20억 원도 안 되는 업체의 수가 90% 내외가 된 현실에서 중소기업 육성 정책이 세부적이고 현실적으로 수립, 시행되어야 한다. 중소기업이 겪는 가장 큰 어려움은 판매와 제품 개발을 위한 기술과 판로, 사업 자금인 바 이 분야에 집중 지원이 필요하다.

셋째, 지역별 특화 상품 개발에 역점을 두어 상호 경쟁보다는 보완 관계가 형성될 수 있게 유도가 필요하며, 중소기업과 대기업 간 상생을 기대할 수 있는 분야이다.

끝으로 살아 있는 수출정보를 계속 제공하여 유망한 상품 개발과 판로 개척을 정부 기관이나 관련 단체가 맡아 주어야 한다. 농산물 원료를 생산하는 책임 부서는 가공을 통한 부가가치 제고에 더 관심을 두어야 하고, 규제 관리기관은 소비자 보호와 생산자 보호라는 양면성의 기본 개념을 잊어서는 안 될 것이다. 식품업체나 외식업체들도 이제 정부의 직접적인 지원이나 보조에 기대기보다는 스스로 자립하여 기업 경영이 가능한 능력 갖추기 노력이 절대 필요한 시점이다.

아울러 많은 연구개발 기관은 자기나 기관의 필요보다는 시장 정보와 요구를 바탕으로 한 과제 선택으로 기업에 실질적인 도움을 주어야 할 것이다.

14. 양파 과잉 생산과 대처

지난해 과잉 생산되어 보관된 물량이 아직도 남아 있고, 다시 올해 생산 철을 맞아 출하될 양파, 마늘과 배추 때문에 생산자나 관리하는 정부에 큰 짐이 되고 있다. 이들 중 마늘은 비교적 저장성이 높고 다진 상태로 처리하는 방법이 정립되어 있으며, 배추는 김치로 그 소비처를 찾을 수 있어 과량 생산 시 처리하는 방안을 논의할 수도 있겠으나, 양파의 경우는 더욱 어려움에 봉착할 것으로 예상된다. 우선은 마늘보다 수분 함량이 높아 저장성이 떨어지고, 생으로 소비되거나 그 외 일부 건조하여 조미료로 사용하는 수준에 머물러 있다. 현재까지 국내 양파를 절단 건조하여 여러 양념 원료로 사용한 실적이 있으나 활성화되지 않았고, 가장 수요량이 많은 라면 등 스프에 사용하는 건조 양파 재료는 가격 때문에 대부분 중국에서 처리하여 수입하는 실정이어서 이런 용도로 우리 양파의 소비를 확대할 수 있는 기회는 희박한 실정이다.

채소류가 과잉 생산되어 있을 때 처리 방법은 일반적으로 수출 길을 확보하여 국내에서 넘치는 물량을 처리하는 방법이 최선이겠으나, 올해 들어 우리 사정과 비슷하게 중국도 소비량에 비하여 생산량이 많은 형편이고, 지금까지 많이 수출해 왔던 대만·일본 등도 생산량 증가 및 중국산과 가격 경쟁하기 때문에 만만치 않은 실정이다. 가장 많은 양을 수출하는 대만도 올해 작황이 매우 좋은 것으로 알려져 있어 수출도 어려울 것으로 보인다.

우리나라 작년 양파 생산량은 조생종과 중만생종을 포함하여 129만4000톤(통계청, 2013)에 이르고, 현재 재고량은 5만6000톤에 달하여(농업관측센터, KREI) 재고 물량 처리에도 걱정이 되고 있다.

더욱이 제주도를 시작으로 6월부터 본격적으로 생산되는 양파 생산 추정치는 모두 합하여 144만6000톤(농업관측센터, KREI)으로 작년 대비 약 20만 톤이 증산될 것으로 예측되어 과잉생산 물량의 처리를 위한 특단의 조치가 없는 한 상황은 심각할 것으로 예상된다.

농산물, 특히 채소류는 생산량과 소비 예측이 어려워 평년작보다 10% 증산되면 가격이 폭락하고 반대로 10% 내외 감산이 되면 폭등하는 현상을 반복하고 있다. 가장 좋은 방법은 수요량을 예측하여 계획 생산을 하는 것이나, 이는 생산자들의 협조와 수요량을 예측하여 생산량을 계획하는 기관 간의 긴밀한 전략이 필요하며, 상호 신뢰의 바탕이 없으면 현실적인 효과를 기대하기 어렵다. 특히 날씨에 따른 변수가 인위적인 관리를 훨씬 앞서는 상황에서 필요량만을 적정 수준으로 생산하는 것은 또 하나의 큰 변수가 된다.

이와 같은 채소류의 과부족 생산에 따른 조절 역할은 일반적으로 알려진 대로 크게 나눠 수출입의 관리, 자국 내 생체 저장 시설의 확보, 생체를 가공 처리하여 장기 비축하는 방법이 검토될 수 있을 것이다. 수입과 수출은 세계 생산량과 그 해 작황에 따라 크게 영향받기 때문에 예측하기가 어려운 사정이 있으나 가장 쉽게 물량을 관리하는 수단이기 때문에 평소 수출입이 가능한 국가의 치밀한 정보 수집과 이에 대처하는 지혜가 필요하다. 생체 저장 시설의 확보와 운영 분야는 단기저장 수단으로 유용한 방법이나 저장의 한계와 경제성 때문에 연중 안정적으로 원료를 공급하는 것에는 어려움이 있을 것이다. 끝으로 다양한 가공방법을 도입하여 일시에 상당량을 처리하며 장기 비축하는 방법은 단기 처방이 아닌 장기 계획을 수립하여 대비해야 할 분야다. 특히 참여하는 가공업체에 대한 관리, 그리고 가공 처리된 제품의 소비 방법 등도 구체적으로 확실하게 수립해야 할 것이다.

양파는 다양한 가공 방법이 적용될 수 있을 것이다. 대량 처리를 위해서 먼저 도입할 수 있는 방법은 양파를 박피한 후 거칠게 마쇄하여 블럭으로 동결 저장하는 방법을 생각할 수 있다. 마늘은 이미 마쇄, 동결 저장하는 방법이 성공적으로 정착하였기 때문에 이 과정을 면밀히 검토하여 양파에도 적용하면 될 것이다. 마쇄 양파를 가장 많이 소비하는 방법으로 다양한 요리에 양념으로 첨가될 수 있는데, 특히 찌개류에는 다진 마늘과 함께 폭넓게 이용될 수 있다. 외식업체에서 다진 양파 사용이 활성화되면 그 소비량은 상당량에 이를 것이다. 다음으로 가정이나 업소에서 수요가 증가하고 있는 다양한 맛의 장아찌류의 개발 보급, 150만 톤 이상 생산 판매하는 만두 속에는 5% 정도 양파 마쇄물이 들어갈 수 있으며, 공장 및 가정에서 담가먹는 김치양은 120만 톤 정도로 추정되는데, 여기에 일부 양파 마쇄물을 이용할 수 있다. 저장성 등을 개선한 양파 김치의 보급 등도 남아 돌아다니는 양파를 소비하는 합리적인 방법이 될 것이다.

가공방법의 도입은 단기적인 처방이 아니라 복합가공을 전제로 장기계획을 가지고 새로운 산업을 육성한다는 측면에서 접근해야 할 것이며, 이를 위한 종합계획이 필요하다. 모든 채소류의 과잉 생산과 부족은 주기적으로 일어나므로 적정 소비량을 감안한 계획 생산이 우선이겠으나, 여의치 못한 경우 과잉 생산에 대비한 상시 저장과 합당한 가공체계를 구축하여 생산자인 농민을 보호하고 아울러 단경기에 가격을 안정시켜 소비자에게도 이익을 돌아가게 하는 방안 마련이 필요한 시점이다.

15. 어린이 식육(食育)교육과 식품기업 참여

우리나라 한 식품대기업 창업자의 기본경영지침에 공존공영(共存共榮)이란 구절이 있다. 향후 대기업이 지향해야 할 방향을 정확히 간파한 것으로 여겨진다. 일반적으로 중소기업에서 중견기업, 대기업으로 성장함에 따라 추구하는 목적과 주변을 고려해야 할 범위가 달라져야 하는 것은 당연하다. 중소기업의 경우는 회사가 성장하면서 생존을 위한 이익 창출과 종업원의 급여와 복지를 챙기는 업무가 제일 우선이 되겠으나, 중견기업이나 대기업인 경우 역할의 범위가 넓어져야 할 것이다. 즉, 감당해야 할 범위가 자기 회사의 영역을 넘어 사회와 국가로, 혹은 세계로 넓혀져야 한다는 것이다. 우리나라 몇몇 중견 및 대기업은 이런 역할을 충실히 노력하는 것으로 알고 있으며, 사회 공헌의 필요성을 충분히 이해하고 실천하고 있다.

여러 제조업 중 식품기업은 남녀노소를 불문하고 모든 소비자와 관계가 있으며, 이들 소비자들이 호감을 갖고 믿음을 보낼 때 생존하고 성장할 수가 있다는 것을 기업 경영자는 잘 알고 있을 것이다. 따라서 기업이 생존하고 성장하게 도와 준 모든 소비자에게 회사 경영을 통하여 얻은 이익의 일부를 되돌려주는 것은 기업 성장을 위하여 꼭 필요한 조치라고 여겨진다. 소비자가 견실해야 대기업도 성장할 기반을 튼튼히 유지할 수 있기 때문이다.

기업이 사회와 국가에 대한 기여할 수 있는 분야 중 먼저 생각나는 것은 교육 분야에 참여를 들 수 있으며, 특히 자라나는 2세들에 대한 투자이다. 투자 방법은 장기적이면서도 그 중요성이 무엇보다 우선인 분야가 차세대 교육이라고 여겨진다. 정기 학교 교육은 국가기관에서 할 일이나 비정규적인 교육, 예를 들면 특정 분야에 대한 특수 교육은 해당 전문 분야에서 맡아 역할을 담당하는 것도 사회 기여 중 중요하고 의미 있는 부분이다.

교육의 근간은 지(知), 덕(德), 체(體)라고 한다. 즉 살아가는 데 필요한 지식을 갖추게 하고 인간으로서 필요한 덕목을 가르치며, 생활에 필수인 육체적 건강을 지키는 방법을 교육한다는 것이다. 식품분야에서는 건전한 식생활을 통하여 자라나는 어린이가 건강하게 성장할 수 있도록 도와주는 분야를 맡으면 제격일 것이다.

일본은 일찍이 식생활 개선에 의한 국민 건강 증진의 필요성을 깊이 인식하여 식육(食育) 기본법(2005.6.)을 제정하여 국민 식생활 교육, 가정·단체에 대한 급식 개선, 안전 관리와 영양, 식문화 창달 등 광범위한 분야에 범국가적으로 교육 운동을 벌이고 있다. 우리나라도 식생활교육지원법(2009.4.)을 공포하였고, 이 법은 국민의 식생활 개선, 전통 식생활 문화의 계승·발전, 농·어업 및 식품산업 발전을 통한 삶의 질 향상을 목적으로 하고 있으며, 광범위하게 여러 관련 사업을 수행할 수 있는 법적 뒷받침하고 있다.

우리 식품산업계에서 이 법에 근거한 국민 식생활 개선에 참여하여 기여할 수 있는 여러 분야가 있겠으나, 특히 법 제11조(식생활 체험 활동 촉진) 및 제24조(전통식 생활 문화 및 농어촌 식생활 체험 활성화)에 근거한 식생활 체험 공간의 설립 및 운영에 관여할 수 있는 법조항에 근거하여 사회에 기여하는 방법을 깊이 검토했으면 한다.

구체적인 교육 프로그램은 더 심도 있게 구상해야 되겠지만, 우선 큰 그림으로 초등학교 5·6학년을 대상으로 방학 기간 중 2주 정도 집체교육을 시킨다면 올바른 식생활의 생활화와 이 사회를 살아가는 데 필요한 기본적인 소양, 공동체 교육을 통한 상호 이해 등 많은 장점이 있을 것으로 여겨진다. 학부모도 자기들의 자녀가 꽉 짜인 계획된 일상에서 벗어나 일생에 필요한 건강을 챙기고, 새로운 경험을 할 수 있는 기회를 갖는 것에 대하여 크게 반길 것으로 생각한다.

이 사업은 가능한 많은 식품기업이 참여, 비영리 법인체를 설립, 독립된 운영 체제를 갖추었으면 한다. 자연과 친숙하게 접할 수 있는 장소에서 우리의 2세가 건강하게 국가의 동량으로 성장할 수 있게 기업이 도움을 주는 것은 보람된 일이며, 미래의 확실한 고객을 확보하는 길이기도 하다.

16. 에너지 소비에서 에너지 생산으로

최근 지구 온난화와 대기 오염, 자원의 재순환 이용 등에 대한 논란과 관심이 크게 일고 있다. 세계의 여러 선진 국가간 힘의 관계는 어떻게 충분한 에너지를 확보하느냐에 달려 있고, 결국 에너지 확보가 한 국가의 흥망에 지대한 영향을 미치는 시대에 살고 있다.

역사적으로 보면 1차 산업혁명은 수천 년 지속되었던 축력과 인력에서 석탄을 이용하는 에너지 혁명이었고, 2차 산업혁명은 에너지원이 석탄에서 석유, 전기로 넘어간 바통 터치의 과정이 있었다. 1차, 2차 에너지 자원은 주로 화석 연료로 한정된 앞으로 언젠가 고갈될 지구에 비축된 자원을 사용하고 있기 때문에 많은 관련 전문가들 사이에 에너지원 소진에 따른 우려의 목소리가 나오고 있으며, 현실적으로 이는 자원의 가격 상승으로 그 심각성이 표출되고 있다.

또한 석탄이나 석유를 에너지원으로 사용 후 배출되는 탄산가스 등 온실 가스가 급격히 지구의 환경을 악화시키는 요인이 되고 있으며, 이런 상황이 계속된다면 앞으로 더 심각한 영향을 줄 것으로 예측하고 있다.

3차 산업혁명에서 사용하는 에너지는 태양열, 풍력, 지열, 조력, 바이오 에너지를 들고 있다. 현재의 산업구조는 에너지 공급자가 최정상에 있고, 이용자가 밑에 종속되어 있는 수직 관계에서 에너지 소비자 모두가 에너지를 생산, 사용하는 수평적 관계로 변해야 한다는 것을 주장하고 있다. 3차 에너지혁명의 기본은 무한 자원이며 공해를 일으키지 않는 저탄소 녹색 에너지를 이용해야 한다는 주장이며, 앞으로 인류의 존속을 위해서는 피할 수 없는 선택임을 강하게 역설하고 있다. 현재 많은 나라에서 대체 에너지, 즉 공해 없는 신에너지 혹은 재생 에너지원으로 태양열·풍력·수소 에너지·바이오 에너지를 개발·활용하고 있으나, 아직까지 총 에너지 수요량의 극히 일부만을 대체하고 있을 뿐이다. 그 이유는 간단하다. 아직까지 기존 에너지에 비해 경제성이 떨어진다는 것이다. 계속되는 기술 개발과 공해 유발 억제라는 국제적 압력으로 향후 개선될 가능성은 높다고 보나 이제 모든 지구상의 에너지 이용업계가 에너지 혁명에 동참해야 될 절박한 시점에 있다고 본다. 그럼 우리 식품산업계에서는 어찌해야 할 것인가. 두 가지 측면에서 검토가 필요하다.

첫째, 회사 경영상 모든 제품의 생산성 향상에 매진하는 방침에서 에너지를 스스로 생산하여 사용하는 에너지 생산량 증가 운동을 할 필요가 있다. 현재 여러 제조회사에서는 공정개선 등으로 소극적 에너지 절감 운동을 벌이고 있으나 여기서 한걸음 나아가 필요 에너지를 자체 생산하여 사용하는 적극적인 방법으로 사고의 전환이 필요할 것으로 보인다. 실행 가능한 방법으로 공장 전체를 태양열을 이용한 전력 생산 시스템으로 바꾸는 노력과 바이오 에너지 생산시스템의 구축을 생각할 수 있을 것이다. 모든 식품가공공장은 넓은 지붕과 벽면을 가지고 있다. 지붕과 벽면을 적절히 활용하면 상당한 태양 에너지를 이용한 전력 생산이 가능할 것이며, 폐기되는 유기질을 이용한 바이오가스 생산을 구상할 수도 있을 것이다. 초기 시설 투자가 많이 소요되므로 이 부분에 정부의 재정 지원이 필요할 것이다.

둘째, 동물성 자원보다는 식물성 식재료의 사용을 크게 확대해야 한다. 잘 알려진 이야기로 육류 1kg을 생산하는 데 곡류 7~8kg이 필요하며, 화학자 타일러 밀러에 의하면 생태계 안에서 포식 단계마다 상당히 많은 에너지가 소비된다는 것을 다음 예로 제시하고 있다. 사람 한 명이 1년을 살아가려면 송어 300마리가 필요한데, 이들 송어는 개구리 9만 마리를 먹어야 하고, 개구리는 메뚜기 2700만 마리를 먹여야 하며, 이 메뚜기들은 1000톤의 풀을 먹어치운다. 과연 우리가 지구의 환경과 에너지 보존을 위해서 우리 식생활을 어느 쪽으로 변화시켜야 할 것인가?

식품 제조업체에서도 필요한 에너지를 자가 생산하겠다는 생각의 변화가 요구되고, 간접적으로 지구 에너지를 합리적으로 사용하는 방법, 즉 식물성 식재료 사용 확대를 심각하게 고민해야 할 것이다. 인간을 포함한 이 지구상의 모든 생물계는 하나로 연결되어 있음을 인식하고 생물계 내에서 지켜야 할 책임이 우리 모두에게 있다.

17. 우리 식품 대기업에 R&D가 있는가?

우리나라는 이제 세계 10대 교역국으로 더디기는 하지만 국민 3만 달러 시대를 눈앞에 두고 있다. 참혹한 전쟁의 아픔을 뒤로 하고, 겨우 60여 년 사이에 이룬 기적 같은 일이다. 그 사이 전자·자동차·조선 산업은 세계 최상위권 위치를 점하여 국가의 위상을 높이는 데 큰 역할을 하고 있으며, 한류가 세계 여러 나라에서 한국 문화를 활발히 전파하고 있다.

그럼 우리 식품분야는 어떤가? 주린 배를 채워야 했던 1950~1970년대에는 쌀·보리 등 주곡이 가장 중요한 식재료였으며, 이어 절대 식량이 부족하여 수입에 의존해야만 했던 밀과 옥수수·콩을 이용한 소재산업, 즉 제분업과 음식 맛의 기본 소재를 만드는 제당업, 제유산업, 그리고 간편한 굶주림의 해결책인 국수, 라면 등이 식품 산업의 대표 주자였다.

그 이후 기술이 투입된 통조림 산업을 효시로 각종 곡류제품, 과채류를 이용한 음료, 과자류, 유가공, 육가공 산업이 발달하여 지금은 유통되는 제품의 종류만 해도 3만여 종에 달할 정도로 풍성한 가공 식품 전성시대를 맞고 있다.

현재 신선식품을 포함하여 가공 식품류는 약 70억 달러(2013) 정도 수출하고 있는가 하면 농식품 수입액은 334억 달러(2012)로 무역

역조가 심한 상황이며, 가공식품의 수입도 계속하여 증가하고 있는 추세이다. 세계 여러 나라와 자유무역 협정이 더 진행이 되면 가격 경쟁력과 신제품 선호 등의 이유로 가공식품의 수입은 더 크게 증가할 것으로 여겨진다.

현재 우리나라 식품산업의 규모는 외식업을 포함하여 144조 원 정도로 추산되고, 연간 매출액이 1조 원이 넘는 회사가 18개(금융감독위원회 공시 자료)에 이르며, 앞으로 어느 정도 규모의 확대는 가능할 것으로 보인다. 그러나 이들 회사의 매출액 규모를 세계 유수 식품회사에 비하면 초라하기까지 한다. 즉, 세계 100대 기업에 들어있는 네슬레(1006억 달러)·Anheuser-Busch In Bev(398억 달러)·코카콜라(480억 달러)·펩시(655억 달러)·유니레버(677억 달러) 등은 매출액 규모가 작은 나라의 전체 예산액보다 많으며, 이들 국제화된 기업은 각국의 특성에 맞게 차별화된 기술을 투입한 제품을 생산하여 혹은 세계에 판매하고 있다.

한국의 식품 기업과 이들을 대비해 보면 CJ제일제당은 88억 달러로 식품 분야 114위에 머무르고 있으며 (그룹으로는 84위), 순수한 식품기업은 아니지만 KT&G가 전체 기업에서 1442위, 식품에서는 95위로 겨우 100대 기업에 들고 있다. 우리나라 식품기업이 세계 시장에서 규모면에서 뒤처지는 이유는 여러 가지가 있겠지만, 특히 원·부재료 대부분을 수입에 의존해야 하는 상황과 국내 소비시장의 협소, 해외 진출에 소극적 자세, 신기술 개발 부진, 정부의 가격 억제 정책 등에 의한 판매 및 신제품 개발 위축 등이 이유가 되고 있다.

이들 여건은 지금 상황으로 봐서는 앞으로도 크게 개선될 가능성은 희박하다.

그럼 우리의 선택은 무엇인가? 기술 우위를 바탕으로 한 글로벌화이다. 앞에 제시한 세계적인 식품기업은 이 두 가지 조건을 충족시켜서 기술 차별화를 바탕으로 꾸준히 국제화와 현지화를 해왔다. 이들 기업은 세계 어느 나라에 가거나 차별화된 품질과 판매 전략을 앞세워 그 나라 소비자에게 다가서고 있으며, 상당한 품목은 현지화를 넘어 토착화하는 단계에 접어들었다.

우리 식품산업이 기술 개발을 통하여 제품을 차별화하기 위한 전략은 국가 연구 기관과 기업 간 긴밀한 협력과 대학의 기초 연구 결과가 융합되어야 달성할 수 있다고 본다. 여기서 특히 대기업의 역할이 어느 분야보다도 중요하다. 실용적인 연구 개발을 위한 우수한 인적 자원을 이미 확보하고 있으며, 재정적 여건이 갖춰져 있기 때문이다(국가 연구 개발비의 76.5%가 기업 투자 분). 결국, 여러 기관에서 노력하여 얻은 개발 기술의 수혜를 받는 쪽은 기업이며, 이를 통하여 실질적으로 이익을 창출하기 때문이다. 이것이 국제적 글로벌기업으로 성장하는 데는 기술 개발에 대기업이 선도적 역할을 해 주어야 하는 이유이다.

현재 우리나라 식품 대기업의 R&D 투자는 매출액 대비 0.5~1% 수준에 머물고 있으나 글로벌 기업의 경우는 2~3%에 이르며, 실제 투자하는 금액은 비교가 어려울 정도로 큰 차이가 나고 있다. 따라서 앞으로는 대기업이 연구비를 투자한 실용성 연구 개발을 주로 하고 연구기관이나 대학이 참여하여 기반 연구를 지원하는 체제로 R&D가 이루어져야 할 것이다. 속성상 연구소나 대학은 기초과학에 주력하고 기업은 실용화, 상품화에 더 관심이 있으므로 양자를 조화롭게 연결하면 윈-윈이 될 수 있다. 매출액 1조 원이 넘는 18개 기업체는 모두 대소 간에 연구 개발 기능을 갖고 있는데, 현재 기업체의 R&D는 연구기능이 빠진 개발 기능만이 너무 강조되고 있어 장기적 관점에서 생존할 기반 구축에는 소홀한 게 현실이다. 기반 연구가 없이 글로벌 기업으로 도약하기는 어렵다. 이를 위하여 기업이 기초 연구에 직접 참여하는 부담을 안기보다는 대학과 출연 연구소의 기능을 충분히 활용하여 그들이 기초, 기반 연구를 수행하고, 이 결과를 바탕으로 실용화, 상품화 단계를 거쳐야 할 것이다.

지금과 같이 우리 대기업의 연구소가 국내·외 기술의 복사나 미투(me too) 제품, 단기성 제품 개발 등에 몰입하게 되면 세계 일류 기업으로서 도약은 멀어질 것이다. 예를 들면 비만의 원인 기작을 밝혀 비만으로 넘어가는 과정을 차단할 수 있는 당 대체물, 당뇨 메커니즘을 이해하여 효과가 있는 식품, 세계 인구의 50%가 앓고 있는 과체중과 비만을 완화시킬 수 있는 제품의 개발은 엄청난 수요가 있을 것이나, 결코 단기 연구로는 어림도 없을 것이다. 기초 연구와 응용 연구가 조화를 이루어 목적 지향적 연구가 수행되어야 한다. 글로벌 기업이 되기 위해서는 제품 기반 R&D를 넘어 목적 지향적 제품 개발이 되어야 독창적 기술을 확보, 경쟁력을 갖추게 될 것이다. 대기업 연구소가 해야 할 R&D 접근 방법이다.

연구소 내에서도 전문분야 간 소통을 활성화하기 위한 부서 간 벽 허물기, 인문 사회과학과 공학 등 학제 간 활발한 복·융합 연구의 활성화, 외부 전문 인력의 과감한 영입, 대학과 기업 전문가의 교류 활성화 등 기존의 틀을 완전히 바꾸는 과감한 노력이 필요하다. 아울러 업체 간 상생 협력과 글로벌화하기 위한 외국 연구기관과 긴밀한 협력 관계의 유지 및 외국 전문 인력의 수혈 등도 적극 검토해야 한다.

현실적으로 우리 대기업이 보유한 기술이 과연 세계 수준에서 비교 우위에 있는 것이 몇 개나 되는가? 그리고 기존의 기술이 선진국과 격차는 얼마나 되는가를 면밀히 분석해 봐야 한다.

연구 개발은 장비가 아닌 사람에 의해서 성과를 낸다. 특히 기반 연구는 장기간이 소요되고 성공 여부를 가늠하기도 어렵다. 따라서 전문 인력이 일할 수 있게 신분의 보장, 연구 여건의 조성, 일정 수의 연구원 확보 등은 최고 책임자가 깊이 유념해야 할 사항이다. 특히 연구원 평가 방법을 개선하여 단기적 제품 개발의 수보다도 수익 기여도, 협력 연구나 원천 기술 확보에 가점을 주는 방안이 도입되어야 한다. 세계에 앞서 가는 기술을 확보하지 않고 글로벌기업이 될 수는 없다. 세계 초일류 기업체가 된 삼성전자의 예는 우리 식품기업도 눈여겨봐야 할 좋은 롤 모델이다. 지금도 이 기업체는 생존을 위해서 연구와 신기술 개발에 몸부림치고 있지 않는가?

18. 지역전통식품이 스러지고 있다

지역마다 특색 있었던 고유한 전통식품의 모습이 달라지고 있다. 우리 조상들이 물려주신 값을 따질 수 없는 보물을 잃고 있다는 아쉬움과 초조함이 겹친다. 몇 십 년 전만 하더라도 고을마다 그곳에서만 맛볼 수 있는 음식이 있었고, 이들이 고향의 맛을 느낄 수 있는 매체로서 역할을 톡톡히 해왔다. 여행을 할 때도 산천 경치와 함께 그 지역 전통음식을 맛보는 재미가 쏠쏠했었다. 최근 교통의 발달과 문물의 교류가 활발해지면서 식품원료와 제조방법이 일반화되고 유행에 편승하는 '따라 하기' 경향은 우리 고유 전통식품의 차별성을 반감시키는 큰 요인이 되고 있긴 하다. 이는 지금 불어닥치고 있는 큰 사회흐름과 식생활의 변화에 따른 경향이긴 하지만, 우리 고유역사와 함께 정신유산인 식문화도 후손에게 자랑스럽게 물려줄 책임이 이 시대를 살아가는 사람들에게 있다는 생각을 하면서 이세대가 다 가기 전에 우리 것을 지켜야하는 책임감을 느낀다.

지역마다 독특한 맛을 자랑했던 막걸리는 독창적인 우리 누룩 대신 일본에서 수입하고 있는 코오지 사용이 일반화되면서 맛이 평준화되고 규격화되어 어느 지역에 가거나 비슷한 막걸리 맛이고, 흑산도 홍어회는 원료 조달이 쉬워지면서 전국 어디서나 비슷한 맛을 즐길 수 있다. 전주비빔밥은 이제 국제화되어 국내는 물론이요,

세계 많은 곳에서 비슷한 음식을 맛볼 수 있게 되었다. 장류도 전국 어디서나 만들어 판매하고 있으나 지역성을 부각시키는 특성은 찾기가 어려워지고 있다. 그 외에도 한과, 조청, 식혜, 곶감 등 지역적 특색을 물씬 풍기던 추억의 전통식품이 보편화되어 지역성을 잃어가고 있다. 여러 사회여건에 따라 식품들이 전국적으로 확산되고 있는 현상을 막을 수는 없을 것이다. 그러나 우리 독창적인 식문화를 전승·발전시킨다는 의미에서 지역적 특성을 살리고 차별화시키면서 각자의 고향을 알리는 수단으로서 전통식품을 더욱 발전시키고 차별화시켰으면 하는 바람이다.

지금까지 각종 지역 축제를 통하여 나름대로 특색 있고 전통성 있는 식품을 알리고는 있으나 지속적이고 효과적인 홍보가 이루어지지 않아 극히 일부를 제외하고는 지역특산품으로 정착되어 자리매김하지 못하고 있다. 이와 같은 현실을 감안하여 몇 가지 고려사항을 제안하고자 한다.

첫째, 지리적 표시제를 적극 활용해야 한다. 이 제도는 법적 뒷받침이 되어있고, 표시된 지역에서만 생산해야하기 때문에 해당 지역의 특색과 마음까지 잘 품을 수 있는 진정한 향토 전통식품이 될 수 있다. 특히 대부분 그 지역에서 생산되는 원료를 사용하기 때문에 농산물 생산 농가도 혜택을 줄 수 있을 것이다. 또한 소규모 가내 수공업 형태로 운영이 가능하며, 향후 발전되면 협동조합체제로 운영하고 규모 확대와 나름대로 판매조직을 갖도록 할 수도 있을 것이다. 둘째, 모든 지역 특산품의 생산에 관여하는 기능인들의 능력을 최대한 발휘하도록 도움을 주어야 한다. 제도적으로는 농식품부에서 주관하는 식품명인제도가 있어 법적으로 전문인으로서 자격을 인정하면서 후원하고 있어 도움이 되고 있으나 이와 같은 법적 제도를 더욱 활성화하여 전통식품을 승계, 발전시키는 터전을 마련해야 한다. 셋째, 판매 지원이 필요하다. 지역 특산품에 대하여 유통판매업체에서도 관심을 갖고 있기는 하지만 유통마진이 너무 커서 생산자에게는 별로 도움이 되지 못하는 실정이다. 이 분야야말로 상생이 절실하여 사회적 기여라는 정신을 살려 유통업체가 별도의 지원방법을 모색하길 바란다. 지금의 마진율로는 지역 전통식품은 대량생산하는 제품과 경쟁할 수가 없다. 마지막으로 지역 전통식품업체들과 대기업의 연계이다. 마침 여러 대기업들이 중소기업과 상생협력을 염두에 두고 있으니 대기업은 앞선 기술과 유통조직을 활용하여 지역특산식품제조 업체를 지원하고 판매까지 손을 잡는다면 그야말로 효과적인 상생이 될 것이며, 기업 이미지 개선에도 크게 도움이 될 것이다. 지역 전통식품 생산은 대부분 노령층에 의하여 명맥을 유지하고 있는데, 이분들의 생을 마지막으로 지역 전통식품 제조기술이 잊히는 것을 늦기 전에 막아야 할 것이다.

19. 생명공학기술과 농업 발전

우리 식량은 어느 것과도 비교할 수 없는 가장 기본적인 생존에 필수 사항이며 충분한 양을 확보하지 않으면 국가적 재난을 불러올 수 있다. 식량의 기본은 농·축·수산물이고, 이들은 현재까지 합성이 불가능한 절대 자연에 의존하는 생물자원이다.

이와 같은 식량에 대한 현실 상황과 예상되는 문제점, 개선 방향을 많은 전문가들이 제안하고 필요 정책을 제시하여 여론화되었고 상당한 진전을 이룬 분야도 있다. 이들 식량자원은 인간의 지혜와 과학기술의 발달로 단위 면적당 생산량을 크게 확대해 왔다.

일반적으로 생명체인 인간을 포함한 농·축·수산물과 미생물 기능 및 역할 등을 연구하는 분야를 우리는 생명공학기술로 구분하고 있으며, 식물과 동물의 성장과 증식, 유전적 정보를 확보하여 이들 생명체가 갖는 특성에 대한 연구를 통하여 우리가 필요로 하는 물질을 생산하고 식량 생산량을 획기적으로 증가시켜왔다. 아울러 기존의 특정한 기능을 개선하여 생산에 필요한 소요 에너지 절감, 질병이나 해충 피해를 막기 위한 농약 사용량의 획기적 감소, 지구환경 변화에 대응한 품종의 육종 등 큰 혜택을 주고 있다. 이와 같은 생명공학기술은 이제 유전분자학 수준까지 그 영역을 넓혀서 새로운 기능과 능력을 갖는 품종을 새로 육종하여 식물의 기능을 개선하고 농수축산물 생산량을 획기적으로 증가시키는 방법을 알아내고 있다.

인간 지혜와 과학기술은 양면성이 있어 긍정적인 면과 부정적인 면이 상존하고 있다. 과학자들은 개발된 방법을 활용할 때 부정적 기능을 최대한 막고 긍정적 이익을 극대화하기 위한 노력을 계속해오고 있다.

이와 같은 생물 공학기법을 활용하여 우리 식량사정은 개선할 수 있는 충분한 가능성을 제시하고 있다. 예를 들면 유전자변형생물(GMO)의 경우 부정적 의견도 상당하나 그 혜택 또한 무시할 수 없으므로 이에 대한 충분한 논의가 필요하다. 그러나 막연한 불안감으로 이를 부정하고 과학의 발전을 저해하는 것은 앞으로 닥칠 가능성이 높은 식량파동에 대응하는 적극적인 방법이 아니라고 본다. 특히 우리나라와 같이 식량 자급률이 낮은 경우 우리 국민이 먹을 수 있는 충분한 양의 식량자원을 확보할 수단은 계속 연구되어야 한다.

생명공학기법에 의한 농수축산물의 증산과 기능의 개선, 그 외에 가뭄이나 냉해에 견디는 품종의 육종은 앞으로 계속 되어야 할 것이며 소비자들에게도 이와 같은 상황을 쉽게 이해할 수 있도록 정보를 제공하고 안전성의 문제를 불식시키는 노력이 계속되어야 한다.

안전성은 절대로 뒤로 미룰 수 있는 과제는 아니고 계속하여 그 원인과 예방방법을 연구, 적용해야할 것이다. 그러나 과학적으로 확인되지 않은 떠도는 말로 불안을 증폭시키거나 사실이 아닌 것을 유포시키는 것은 누구에게도 도움이 되지 않는다. 특히 영향력이 큰 단체의 책임자는 신중한 접근이 필요하다.

모든 산업의 발전에는 긍정적인 면과 그 반작용도 있으나 생명공학기법에 의한 생물 육종과 기술 적용은 우리 식량과 밀접한 관계가 있기 때문에 한쪽에 치우쳐 부정적인 면을 부각시키기 보다는 깊은 연구와 관찰을 통하여 손익을 따지는 폭넓은 시야를 갖고 대처해야 할 것이다. 식량 부족이 세계적으로 논의되고 있는 상황에서 제한된 경작지를 최대한 활용하고 단위 면적당 생산량을 높이기 위해서는 환경에 맞는 작물 육종이 절대 필요하고, 이를 위해서는 목적 지향적인 유전자 관리가 도입되어야 할 것이다. 미국에서는 식물의 범위를 넘어 동물까지 이 기법을 도입하여 생산성을 높이고 있다.

20. 침체기의 연구개발 전략

기업의 생존을 위해서는 연구개발의 필요성을 결코 가볍게 넘길 수는 없다. 그러나 무엇을 어떻게, 어느 방향으로 가야 하느냐를 결정하는 것은 경제 원칙인 최소 비용으로 최대 효과를 얻기 위하여 대단히 중요하다. 현재 진행되고 있는 세계적인 경기불황의 늪이 언제까지 계속되려는 지는 누구도 정확히 가늠하기 어려운 상황이다.

이런 상황에서 즉각적으로 소득과 연결되지 않는 기업의 연구개발 업무는 어떻게 운영해야 하는가? 특히 최첨단 과학기술보다는 보통의 범용적 기술에 의존하고 있는 식품산업분야는 여기에 걸맞는 전략을 수립할 필요가 있다. 연구 개발은 불황기에 더 투자해야 한다는 이론도 있으나 시장과 기업의 사정이 어려울 경우 그냥 밀어붙일 수도 없다. 그래서 경기 하향기에는 여기에 적용할 수 있는 전략을 수립하고, 전술적 대응이 필요하다. 어쩌면 식품산업분야는 성수기에도 같은 전략을 도입하여 기술 의존성이 비교적 낮은 약점을 보완해야 한다. 알려진 대로 연구개발은 새로운 것을 집중하여 천착해야 창조가 가능하다고 하나 비용을 최소화하고 실용적인 성과를 내기위해서는 영국 캠브리지대 나비 나드주 교수가 제창한 검소한 혁신(prugal innovation)을 참고할 필요가 있다. 서양의 모델인 '더 좋게, 더 비싸게, 더 많이' 라는 개념이 불황기에 접어든 우리 실정에는 맞지 않다. 우리는 범용적으로 더 값싸게 그리고 적정 물량을 생산해야하는 또 다른 접근법이 필요하다. 이와 같은 조건을 충족시키기 위해서는 혁신의 개념을 과감히 도입해야할 시점이다.

우선 비용을 절감하기 위해서 상호협력이 절대 필요한 조건이다. 경쟁 기업 간에도 기술교류를 통하여 내가 필요치 않은 기술을 주고, 필요한 것을 받는 과감한 시도가 있어야 한다. 삼성과 애플이 특허 공유 계약을 맺는 것은 필요에 의한 결과다. 그리고 영역의 구분이다. 기업은 장기간이 소요되고 성공여부가 극히 불투명한 기초 분야나 결과가 직접 기업과 직결되지 않는 연구는 투자하기를 극히 꺼린다. 이런 분야는 역할을 분담하여 국가가 지원하는 대학과 출연연구소가 수행하고, 여기에 기업은 자본으로 대응하여 상업적 가치가 있는 결과가 나왔을 때 상용화 단계는 산물을 생산할 수 있는 기업이 담당해야할 것이다. 이런 과정이 진정한 의미에서 윈-윈 관계이며, 노력에 따른 성과를 극대화할 수 있는 방안이다.

일반적인 이론은 그럴듯하나 실제 적용에는 상당한 상호이해와 시행착오를 감내해야 한다. 또한 기업의 연구소를 한 장소에 모으는 집적화를 피해야 한다. 기능이 다른 연구소가 한 곳에 모여 있으면 기술간 시너지효과는 기대할 수 있으나 현장과 떨어져있는 경우 현실과 먼 결과를 도출할 가능성이 높다. 모든 아이디어는 현장에 있고 현장에서 문제점을 발견할 수 있기 때문이다. 따라서 연구개발에 참여하는 인력을 제조현장과 마케팅 전문가와 가급적 가까이 접하면서 피부로, 감으로 필요성에 확신이 서는 아이디어를 창출해 내야 한다.

물론 기업도 장기 연구 과제를 갖고 미래 먹을거리를 준비해야겠지만 이런 과제일수록 현장접근성과 협동연구가 필수적이다.

이제 기업에서는 현장에서 쓸 만한 기술의 아이디어를 도출해야 실용적 결과를 기대 할 수 있고 사업에 도움을 줄 수 있을 것이다. 그러기 위해서는 개발 아이디어를 논의할 때부터 현장, 혹은 시장 가능성을 바탕으로 시작해야 한다. 실용적인 아이디어는 돈만으로는 살 수는 없다. 많은 연구비를 투입하며 연구개발한 결과물이 과연 얼마나 상업적으로 성공했느냐는 기업에서 냉철히 따지고 자체 판단하여 결정할 일이다.

상업적 성공을 하지 못하는 아이디어나 연구개발 후 성공 가능성이 낮은 성과물의 도출 빈도를 낮추기 위해서는 수요와 시장에 기반을 두어 가능성 있는 아이디어를 채택하고 포괄적인 개념설계가 필요하다. 목적하는 대상에 대하여 전체적인 개념을 정립하고 이를 실행하기 위한 구체적인 세부 필요 사항을 채워나가는 기법을 도입해야 할 것이다. 불황기일수록 비용을 최소화하고 기업적 성공을 거둘 수 있는 아이디어 도출과 실행이 절실하다. 미래를 상상하고 시장의 현실을 직시하면 기업적으로 성공적인 아이디어 창출 가능성을 높일 수 있을 것이다.

21. 새로운 감미원을 개발하자

비만은 이제 우리만의 문제가 아니다. 전 세계인에게 불어 닥친 재난급의 문제이며, 특히 저소득층에서 더 심각하다. 육체적 활동 없이 먹는 것을 쉽게 얻을 수 있고 교통, 문화 시설의 발달로 운동량이 줄어들면서 자연적이고 필연적으로 오는 현상이다. 특별한 개선 조치가 없는 한 지금보다 나아질 기미도 보이지 않는다. 비만에 초미의 관심을 두는 것은 모든 인간에게 나타날 성인병, 즉 심혈관계 질환, 당뇨, 발암 등과 관계되며, 심리적 어려움까지 큰 영향을 주기 때문이다.

비만의 기작은 어찌 보면 단순하다. 섭취 에너지에 비하여 소비되는 양이 적어 과잉 영양소가 체내에 잉여 물질로 갈무리되는 현상이다. 문제가 되는 탄수화물, 지방의 섭취가 과다하여 이들 성분이 체내 지방으로 축적되면서 체중 증가를 불러온다. 특히 이들 중 탄수화물은 비만을 예방하는데, 가장 먼저 관심을 두어야 할 대상이다. 그렇다면 이들 섭취되는 지방과 탄수화물, 특히 설탕을 포함한 당류들의 대사 과정을 개선하여 흡수를 막거나 섭취량을 근본적으로 적게 하는 수단이 필요하다.

고소한 맛의 원천인 지방이나 단맛을 내는 당류는 우리 인간이 가장 선호하는 맛의 근원이다. 삼겹살을 좋아하는 이유는 가열 처리에 의한 지방 변화에 의한 향기를 선호하고, 설탕의 단맛은 태어날 때부터 생태적으로 즐기는 제일 선호하는 맛의 기본이다. 이들 맛을 포기하라고 하면 질병에 걸려 어려움을 겪는 환자를 제외한 모든 건강인은 쉽게 동의하지 못할 것이다.

그럼 우리 식품과학도와 식품산업 종사자와 외식업체는 어떤 일을 해야 할 것인가? 식품제조업과 외식산업계의 만년 고객이 이와 같은 건강상 위해로 고통을 겪고 있는데도 내 제품, 내 음식만 잘 판매하면 된다는 의식은 미래를 보지 못하는 단견이 아닌가 하는 생각이 든다. 소비자가 건강해야 식품산업이 계속 번창할 수 있다.

이제부터 모든 관련되는 산업과 국민의 건강을 책임지는 정부기관, 관련 연구 기관의 연구자들이 합심하여 새로운 지방질, 다른 형태의 감미원을 찾는데 합심을 해야 할 때라고 여겨진다.

우선 접근해야 할 분야는 주 에너지원인 탄수화물 중 가장 쉽게 개선이 가능한 설탕류와 이성화 당 등 에너지원이 되는 당류의 대체 방법을 찾는 일이다. 세계 선진국을 비롯하여 많은 국가들이 식품제조업체에 대하여 과도한 설탕 사용을 억제하기 위하여 중과세 정책을 들고 나오거나 소비자 홍보를 통하여 과도한 당 섭취를 자제하도록 권하고 있으나 어느 조치도 성공적으로 가시적 효과를 보이고 있지 않다.

따라서 물리적 감소 조치보다는 단맛은 있으나 에너지양이 낮거나 흡수율이 낮은 당류의 대체 방법을 적극 찾아야 효과적인 해결 방법이 될 것이다. 단맛은 있고 흡수가 되지 않거나 흡수되더라도 체내 대사

과정에서 에너지 발생률이 낮은 신 물질을 개발해야 할 것이다. 이런 개념은 얼핏 고감도 인공감미료를 떠올릴 수 있겠으나 감미원 대체는 소비자 선호도와 가공방법 때문에 고감도 인공감미료만으로는 한계가 있다. 따라서 설탕을 바탕 물질로 발효기법을 통한 구조의 변경으로 감미는 유지하되, 난소화성 형태로 전환시켜 주는 노력이 필요하다. 기존의 타가토스나 트레할로스등과 같이 고당도 물질도 경제적인 가격으로 생산할 수 있도록 계속 연구 개발이 필요하다.

이당류인 설탕의 인체 내 분해 과정을 잘 밝혀내 효소 작용이 불가능한 방향으로 이당류의 구조 개선을 하면 설탕의 특성인 단맛과 보디를 유지하면서 에너지 섭취량은 획기적으로 낮추는 새로운 제품 생산이 가능할 것이다. 발효기법에 의한 설탕 유사 물질로 소비자의 거부 반응도 크게 완화시킬 수 있을 것으로 기대된다.

설탕의 단맛을 대체하는 것은 맛 그 자체도 있지만, 부피에 의한 제품 조직의 형성, 입안에서 느끼는 풍만감 등은 놓칠 수 없는 설탕 맛의 특성이고, 잼이나 젤리 등의 가공특성은 양이 뒷받침되지 않는 한 대체가 불가능하다. 이런 맛과 가공특성을 갖는 대체물 개발은 인류 건강에 기여뿐만 아니라 식품산업계의 오랜 숙원을 풀어 줄 수 있는 계기가 될 것이다. 또한 세계에 내놓을 수 있는 첨단 신소재로 국가 위상을 높일 수 있다.

제5장

행복한 세상을 위한 신동화의 생각

1. 노장년층이 도전하는 시범을 보일 때

"젊은이들이여 야망을 가져라(boys be ambitious)"라는 말은 어찌하여 젊은이들에만 해당되는 말인가. 야망은 태어나 자기의식을 가질 때부터 시작하여 생을 마감하는 순간까지 우리 모두가 간직해야 할 필수 마음가짐이요, 자세이다. 야망은 희망을 품은 사람만이 간직할 수 있는 우리 생의 무형의 보물이다.

오래 전부터 출산율이 계속 떨어져 상대적으로 노령인구 비율이 급격히 증가하는 경향은 국가적인 큰 문제로 대두되고 있다. 이런 인구분포는 장래 일어날 수 있는 노동력 감소 등 여러 가지 사회문제를 예상할 수 있다. 그러나 다른 한편으로 생각하면 현재 살고 있는 모든 사람들의 생각을 어떻게 유도하느냐에 따라 인구분포의 불균형 문제를 해소한다면 사회는 발전할 것이고, 잘못 대처하면 퇴보하여 더 나은 사회로 가는데 걸림돌이 될 수도 있을 것이다. 출산을 장려하여 일할 수 있는 젊은 인구수를 늘리는 것이 우선이나 현재 우리나라에 살고 있는 모든 국민의 마음가짐을 더 긍정적이고 진취적으로 바꾸어 구성원들이 열정적으로 일하고 계속 성장할 수 있는 집단으로 만드는 것 또한 대단히 중요한 과제이다. 젊은이 일자리도 없는데 나이 먹은 노·장년을 걱정할 때가 아니라고 말하는 사람도 있겠으나 이는 단견이다. 정년제도가 없는 미국 등 선진국은 일할 수 있는 능력 있는 인력을 계속 활용하여 오히려 일자리를 더 만들고 있다. 또한 미국 MIT 조사결과에 의하면 노·장년의 취업률과 청년 일자리 수는 비례한다고 한다. 상생의 이론이 여기에도 적용된다.

이제 곧 전 인구 평균연령 100세 시대가 온다고 한다. 최근 연구결과에 의하면 지금 살고 있는 세대의 육체 연령은 옛날에 비하면 17년이나 젊어졌다고 한다. 이 이론을 적용하면 70살은 한참 원숙하고 활발하게 일할 나이인 53세에 해당한다. 그런데도 정년하고 할 일이 없다고 희망이나 목표가 없이 정체된 삶이 계속되다면 그때부터 바로 늙는다. 진짜 늙는 것은 도전을 멈출 때부터이다. 과거의 일에 안주하며 현재를 포기하고 미래를 꿈꾸지 않는 것은 바로 나를 퇴보시키는 지름길에 들어섰다는 확실한 증거이다. 앞으로 나이에 상관없이 미래를 향하여 나가야 한다. 도전을 통하여 어제보다 오늘, 나만이 인정하는 바람직한 변화를 통하여 나를 성장 시켜야 한다.

성장은 변화이고 그 변화를 바람직하게 끌고 나갈 때 일어난다. 국가와 사회는 모든 구성원이 성장할 수 있도록 각자에 맞는 기회를 만들어야하고 누구나 성장할 수 있게 여건을 조성해야 한다. 일할 수 있는 인력의 감소를 걱정하는 것 못지않게 지금 우리나라에 생존하는 모든 국민을 유용한 인력자원화 하는 노력이 절실히 필요한 때이다.

이를 위하여 국가는 모든 연령별 대상에 맞는 평생 교육을 더욱 활성화 하는 제도를 도입하고, 육체적 활동에 바탕이 되는 체력향상을 위해서 범국민 건강운동과 식생활 개선을 통한 만성질병 예방 등 기반구축에 체계적이고 계획적인 노력을 해야 한다. 평생교육은 육체적 기능과 정신영역으로 나눠 사회의 생산성 향상에 기여하거나 본인의 삶의 질을 향상시켜 행복지수를 높이게 할 수 있을 것이다.

인간의 성장은 도전 없이 불가능하다. 근래 도전보다는 안정된 삶만을 추구하려는 젊은이들의 의식구조를 단적으로 나타나는 현상이 공공기관의 공채 열기이다. 상상하기 어려운 수백대일의 경쟁률을 보이는 기현상이 일어나고 있다. 중소기업은 인력을 구하기가 어려운데 더 안정되고 살아가는 동안 경쟁이 덜한 쪽에 몰리는 것은 안정을 넘어 안주에 더 비중을 두는 바람직하지 못한 의식구조이다.

이제 노장년층이 분발하여 도전정신을 확산시켜 젊은이들에게 모범을 보이고, 그 힘으로 노동력이 부족해지는 어려운 우리나라 사정을 개선할 때이다. 안주는 노인세대에 국한되는 고질병이 아니라 젊은이들에게는 독약과 같은 것이다. 발전을 위한 자기 혁신은 누구에게나 필요하며, 안주를 넘어 도전하는 삶을 노·장년 세대가 시범을 보일 때이다.

2. 식물을 옆에 두어 건강 지키기

나도 농부가 되어보자. 아파트에 살면서 조그만 베란다에 조금만 노력하면 온갖 식물을 키울 수 있다. 넓이가 넓건 좁건 크기에 맞춰 몇 개의 화분이나 트레이를 준비하고, 복토(거름)를 넣고, 씨를 뿌리면 나머지는 햇볕과 공기 등 자연이 모두를 해결해준다. 단 매일 정성이 필요하여, 가끔 식물이 원하는 양만큼 물을 주어야 하고, 벌레가 있으면 퇴치해주어야 한다. 그러나 이런 노동에 비하여 얻는 이익은 수십 배에 이른다. 현재 우리나라에서 농업에 종사하는 인구는 국민 전체의 5~6%(300만 내외)에 불과하다. 농사에 직접 관여하지 않는 사람들은 곡식이 어떻게 자라고 채소나 과실이 어느 모양으로 땅이나 나무에서 자라고 맺히며 수확되는지를 알지 못한다. 인간이 원래 자연과 함께한 역사는 수 만 년이 넘는다. 오랫동안 이어왔던 수렵생활을 접고 재배, 사육 생활에 적응하면서 생존을 위해서 자기가 필요로 하는 것은 모두 자기가 기르고 보살펴서 땅으로부터 얻었다. 생활 여건이 변하면서 최근에 이르러서는 많은 사람들이 남이 길러준 것을 먹고 사는 세상이 되었다. 사람이 식물이나 자연과 접하지 않고 살 때 오는 여러 부작용을 많은 학자들이 지적하고 있다. 특히 복잡하고 바쁜 사회생활을 하면서 별수 없이 찾아오는 각종 정신적인 중압감은 직장인이나 사업가라면 강, 약을 불문하고 모두 갖고 있다고 본다. 이를 치료하는 방법은 약물보다는 식물과 접하고, 자연에 나를 맡기는 방법이다. 숲속의 힐링은 이것을 잘 설명해주고 있다. 진정한 정신적 휴식은 자연과 접할 때만이 가능하니 이런 자연을 아파트나 단독주택에서도 내 곁에 두도록 해보자. 식물을 키우는 것의 장점은 이루 헤아릴 수 없다. 여가의 시간에 할 일 없이 앉아 있거나 TV를 보는 대신 몸을 움직이니 건강을 지킬 수 있으며, 생명체가 자라고 크는 신비를 통하여 완전히 새로운 활력을 얻을 수 있고, 아이들과 함께 이 일을 한다면 더욱 효과가 크다. 정서적인 면에서 얻는 것이 한두 가지가 아니며 자녀들과의 관계도 더욱 돈독해질 것이다. 화분 하나씩을 맡아서 기르도록 하고, 매일 달라지는 식물을 보고 관찰기록을 하도록 하면 평생 잊지 못할 추억을 간직하게 될 것이다. 또한 여기서 나온 수확물을 싱싱한 채로 시시 때때로 식탁에 올릴 수 있으니 즐거운 일이 아닌가. 베란다나 텃밭에서 기르는데 좋은 식물은 상추, 토마토, 케일, 들깨, 부추 등 진녹색이나 비교적 야생법이 강한 식물을 선택하는 것이 좋다. 이들 모종은 판매상에서 손쉽게 포트로 구입할 수 있다. 식물은 유용한 성분은 제쳐 놓고라도 동물 대신 반려 식물로 나를 항상 위로하고 교훈을 준다. 이와 같은 실내농업, 더 넓히면 도시 농업을 활성화하기 위해서는 제도적 뒷받침이 필요하다. 도시 근교나 아파트 공터를 활용하여 텃밭 가꾸기 사업을 더욱 체계적이고 조직적으로 계획했으면 한다. 특히 아파트 옥상은 아주 좋은 텃밭 가꾸기 적지가 될 수 있다. 이미 일부 아파트는 이런 사업을 하고 있으며, 이들의 경험을 공유하고 확대한다면 아주 값진 결과를 얻을 수 있을 것이다. 공동작업을 통하여 이웃 간에 소통의 장이 열릴 수 있으며, 동기간보다 더 가까운 이웃으로 서로를 이해하고 도울 수 있게 될 것이다.

도시 농업이 활성화됨으로써 새로운 직업도 나타날 수 있다. 이 사업을 지원할 수 있는 분묘장, 복토사업, 재배지도사 등이 더 많이 필요하게 될 것이다. 이들 업무는 지자체에서 지원하면 신뢰와 믿음으로 동참하는 사람들이 많아질 것이다. 일부 지자체별로 텃밭 가꾸기 사업을 하고 있는데, 이제 아파트와 옥상, 실내 등에서도 쉽게 식물을 키우고 이들 식물이 자라는 것을 보고 즐기면서 내가 가꾼 채소를 바로 수확하여 싱싱하게 먹을 수 있는 행복을 함께 나눴으면 한다. 국민정서 순화와 농민의 노고를 이해하는 또 다른 효과도 거둘 수 있다. 외식업체에서도 실내에 인위적인 장식보다는 사계절 모양을 달리하고 꽃을 피우면서 좋은 천연 향까지 내는 식물로 치장하면 손님에 대한 최고의 서비스가 될 것이다.

3. 장수는 축복인가 재앙인가

수명이 길어지는 현상은 세계적인 경향이다. 생명체로 인간은 장수의 욕구가 가장 우선이고 많은 사람들의 바람이지만, 오래 사는 것이 과연 축복일까 재앙일까? 식생활 개선, 의료기술의 발달, 경제적 여유 등에 따른 건강 챙기기 등으로 앞으로 수명은 더 늘어날 것이다.

통계청의 '통계로 본 광복 70년 한국사회의 변화'에 따르면, 1970년 기대수명은 61.9세에서 2013년에는 81.9세로 크게 늘었다. 이런 추세라면 곧 100세 시대에 이른다는 예측도 많은 사람들에게 받아들여지고 있다. 이와 같은 수명의 연장이 꼭 축복받을 일인가라는 물음에 대하여 나이 먹다보면 회의가 온다. 장수가 축복인가 재앙인가 구분은 개인의 육체, 건강, 자립이 가능한 재정사정, 정신 상태와 깊은 관계가 있기 때문이다. 통계에서도 2012년 건강수명(유병기간 제외)은 66.0세로, 같은 해 기대수명과는 15.4년의 차이가 있다. 건강수명이 아닌 기간은 여러 질병으로 본인의 고생뿐만 아니라 주위에도 폐를 끼치면서 생을 마감한다는 뜻이다. 평균 수명을 기준으로 했을 때 우리가 처한 현실을 보면 개인 회사 퇴직 연령 55세 전후, 공무원이라고 하더라도 60세 이후 20~25년을 더 살아야 한다는 계산이다. 이 잔여기간에 자신만의 존재 이유와 여러 측면에서 가정과 사회, 나아가 국가에 어느 정도 기여를 하느냐가 삶의 보람을 결정하는 중요한 요인이 될 것이다.

캐나다 퀸스대학의 오버롤 교수는 장수의 재앙으로 4가지 조건을 제시하였다. 즉 무전장수(無錢長壽), 유병장수(有病長壽), 무업장수(無業長壽), 독거장수(獨居長壽)를 들었는데, 아마도 연세 드신 분들은 공감할 조건들이다. 이 4가지 조건에 무취장수(無趣長壽)도 한 항목 더 추가해야 되지 않을까?

이들 조건 중에 어느 것 하나 쉽게 내 마음대로 될 수 있는 것은 없어 보이지만, 준비할 시간이 남아있을 때 하나하나 대비하면 늙어가면서 나이 드는 것을 재앙으로 여기는 빈도는 낮아질 것 같다. 늙어 감은 어느 누구도 빗겨갈 수 없는 모두의 문제이지만 지금 65세 이상 인구비율이 10%대이나 출산율 저하, 수명연장에 따라 앞으로 그 비율이 급격히 오를 것으로 예상되므로 국가적으로도 이에 대한 대비를 철저히 한다고 하나 그렇게 만만한 일은 아니다. 제일 첫 번째 무전장수를 막기 위해서 국민연금제도를 도입하여 노후대비를 하고 있으나 이미 노인세대에 든 사람들에 대한 혜택은 턱없이 부족한 실정이다.

각각의 항목에 따른 대비는 개인에 따라 크게 다르겠지만, 앞으로 올 어려움을 예측하여 대비하는 것은 초라한 노후를 막기 위한 최선의 방책이 될 것이다. 인간에게 주어진 큰 축복은 먹는 만족감, 성의 즐거움, 죽음으로 생을 마감하는 공평함이라고 했듯이 늙어 죽지 않는 사람은 아무도 없다. 그런 의미에서 공평하기는 하지만 준비 없이 막상 내가 노인세대에 접어들 때의 초라함, 허탈함, 자괴감 등으로 늙음의 세월을 한탄으로만 보내지 않도록 해야겠다.

이러기 위해서는 재정적인 준비뿐만 아니라 내가 즐길 수 있는 의미 있는 일을 찾아 실행하고 정신적으로는 내 것을 고집하기보다는 모든 것을 스스럼없이 받아들이는 연습이 필수라고 여겨진다. 설혹 마음에 들지 않는다 하더라도 "그러려니"를 몇 번 반복하다 보면 내 자신의 마음속에 정리되는 것이 버릇으로 되지는 않을까?

겨울은 나이 먹은 사람들이 가장 괴롭고 싫어하는 계절인데 한 해를 마감하기 때문이고 마감한다는 것이 내 처지와 비슷하기 때문은 아닐런지. 그러나 낙엽이 져야 새 봄에 새싹이 돋듯이 마무리가 있어야 또 다른 세상이 열린다. 우리의 삶도 늙음에서 더 원숙한 지혜와 슬기를 발휘하고 후대에게 더 좋은 여건을 마련해 줄 여유를 가져야겠다. 그러기 위해 노년기를 재앙의 기간으로 만들기보다는 최선을 다해 다음 세대에게 내가 갖고 뛰었던 바톤을 잘 넘기는 시기라고 여겼으면 한다.

아침 떠오르는 태양도 아름답지만 낮 동안 대지를 밝히고 나서 마무리하는 석양도 또 다른 의미가 있다.

4. 지산지소 운동을 활성화 할 때

근래 이름도 생소한 퀴노아와 렌틸콩 같은 수입 잡곡류의 인기가 높다. 영양과 기능성으로 소비자의 눈길을 잡고 있으며, 건강에 좋다니 너도 나도 경쟁적으로 구매 대열에 나서고 있다. 이 여파로 장기간 수송하여 수입된 외국산 곡류가 이 나라 땅에서 생산된 햇곡이며 영양 면에서도 결코 뒤지지 않는 우수한 우리 잡곡을 뒷전으로 밀어내는 안타까운 현상이 벌어지고 있다.

우리나라는 농경문화를 형성한 이래, 오랫동안 내가 사는 지역에서 생산되는 산물을 먹고 살아왔다. 농민의 비중이 70~80% 수준이었던 1960년대까지만 하더라도 거의 내 농지에서 생산된 농산물만을 음식의 재료로 사용하였고, 극히 일부 자체 생산이 어려운 특수한 식재료(조미료 등)들은 외부에서 구매하여 이용하였다. 따라서 이때는 '자산지소(地産地消)'라는 말이 더 이상 얘기할 필요가 없는 당연한 개념이었다.

이후 급격한 탈농업, 산업화로 도시에서 사는 인구가 급증하게 되고, 농민의 비중이 5~6%까지 감소한 현 상황에서는 내가 사는 지역에서 생산된 식재료만 먹는다는 것은 거의 불가능하게 되었다. 이제 전 국민의 95% 이상은 다른 사람이나 타 지역에서 생산했거나 외국에서 수입한 식재료로 가공, 조리한 식품을 먹고 있다. 더욱 심각한 것은 국가적으로 식량자급률이 23% 내외인 상황에서 77%는 우리 것이 아닌 다른 나라 농민이 생산한 농산물을 먹고 있으며, 농민이라 하더라도 자기가 생산한 농산물보다는 오히려 다른 사람이 생산했거나 수입한 농산물을 더 먹고 있는 처지가 되었다.

확실히 과학적으로 밝혀지지는 않았지만 사람들은 자기가 살고 있는 지역에서 생산된 산물을 먹을 때 더 건강하다는 믿음이 있다. 이는 주위 자연 환경에 크게 영향을 받는 생명체의 경우, 당연히 그 지역에서 나는 식재료와 깊은 관계가 있을 것이라는 것이 이해가 된다. 현실적으로 자기가 낳고 성장한 지역을 떠났을 때, 그 지역 산물만을 먹는다는 것은 거의 불가능할 것이다. 그러나 모든 농수산물의 유통이 활발한 현재 상황에서는 내 지역, 내 고향의 산물을 쉽게 찾아 먹을 수는 있다. 특히 원산지 표시가 의무화된 여건에서는 조금만 관심을 갖는다면 어렵지 않을 것이다. 농협이나 사회단체가 주축이 되어 지산지소는 아닐지 모르지만 내 고향 농산물을 구매하여 건강한 식생활을 유지하도록 하는 운동은 필요하다고 여겨진다. 특히 택배가 활성화 되어 생산자인 농민과 소비자가 직접 연결될 수 있기 때문에 조직적으로 연결고리만 잘 만들어 주면 활성화될 수 있는 가능성은 높다.

우리나라 사람들만큼 고향으로 회귀 본능이 강한 민족은 없다고 본다. 명절 때 민족의 대이동을 보면서 어려움에 처해 있는 우리 농민의 처지를 해결할 방법 중의 하나가 내 고향 농산물 사주기 운동을 범국가적인 운동으로 전개했으면 하는 바람이다. 많은 지자체가 이런 운동을 하고는 있지만 아직도 소비자의 호응은 높지 않아 이런 운동이 정착되어 활성화되기 위해서는 서로에게 이익이 된다는 생산자와 소비자와 신뢰 관계 형성이 무엇보다는 우선 되어야 한다. 믿음을 줄 수 있도록 생산하고, 안전하고 우수한 고향의 농산물을 적정한 가격으로 사서 먹을 수 있다는 서로간의 신뢰가 바탕이 되어야 한다. 특히 소비자가 몰려 있는 대도시를 중심으로 고향 농산물 소비하기 운동과 이에 따른 건강상 혜택을 정확한 정보로 제공하면 넘쳐나는 수입 농산물 대신 내 고향의 산물을 소비해 주는 여건을 조성할 수는 있을 것이다. 독일 국민도 조사 대상의 76%가 자신의 지역 내에서 생산된 식품을 중요하게 평가하고(데아베스텐 2016), 나이가 많아질수록 그 반응은 높아졌다고 한다.

소비자들은 자신이 구매하는 제품의 생산지를 알면서 신선하고 양질의 제품 구매를 원하고 있다. 우리나라 사람들은 독일사람 못지않게 고향의 산물을 귀하게 여기므로 농산물이라도 우리 것을 소비하는 여건을 만들어 퀴노아나 렌틸콩 대신에 우리 귀리와 쥐눈이콩을 소비하는 바람이 불었으면 한다.

5. 기업가와 장사치

오늘날 자본주의 경제사회에서 국가경제는 기업인의 의지와 마음가짐에 의존하는 경향이 뚜렷하다. 일반적으로 재화나 일자리는 기업의 투자와 기업 활동에 의해서 산출되고, 이의 주체는 기업인이기 때문이다. 그리하여 진정한 기업가야 말로 많은 사람들을 먹여 살리는 애국자라고 불리며 뜻있는 많은 사람들의 존경을 받는다.

경제활동의 범위는 제조업, 서비스업뿐만 아니라 문화, 예술 등 정신에 바탕을 둔 영역까지 포함되어야 할 것이다. 이 모든 분야에 참여하여 한 나라의 경제를 이끌어가는 사람들을 기업가나 사업가로 부르고 있다. 이들이 어떠한 마음가짐으로 기업을 운영하며 사회에 기여하느냐에 따라 국가의 경제적 위상은 크게 달라진다. 특히나 몇 년째 부진한 경제의 늪에서 헤어나지 못하고 있는 한국경제의 앞날을 걱정하면서 기업가나 사업가를 나름대로 분류하여 그들의 역할과 국가 사회에 대한 기대수준을 가늠해 보고자 한다.

우선 제조업이나 서비스업, 정신영역에 참여하는 모든 분야의 최고책임자를 기업가, 사업가, 장사꾼, 장사치로 나눠보면 어떨까 하는 생각을 해본다. 우선 참 뜻을 알기 위해 한글학회가 편찬한 우리말 큰 사전에서 이들 단어의 사전적 해석을 보면 '기업가'란 영리를 목적으로 사업을 경영하는 경영주 또는 자본가이며,

'사업가'란 사업을 익숙하게 경영하는 사람, '장사꾼'은 장사에 수단이 있는 사람, '장사치'란 장사 아치의 준말로 장사에 종사하는 사람을 홀하게 일컫는 말이라 정의하고 있다. 이들 모두가 나름대로 여러 사업 활동을 통하여 이윤을 창출하고, 이 이윤으로 시설투자와 모든 필요 경비를 충당하여 살아남는 사업체로서 존속하고 있다.

위에서 구분한 사업자들은 이윤을 추구하는 것은 공통적인 목적이나 사업 활동으로 얻은 과실을 어떻게 사용하고, 함께 일하는 종업원을 어떻게 대하느냐에 따라 최고 관리자의 위상은 크게 달라진다. 나름대로 그 뜻을 추가해 보면 '기업가'는 이윤추구와 함께 내 기업이 활동함에 따라 기업 자체뿐만 아니라 이 사회와 국가가 더불어 발전하고, 여러 혜택을 같이 누리도록 배려하는 마음을 가진 사람이다. 따라서 종업원을 동반자로 여기고, 이들의 창의력을 북돋우고 삶의 질을 높이기 위하여 복지 혜택을 최대한 보장하려 노력한다. 이러한 생각으로 일자리 창출은 물론이요 사회 공익활동에도 여러 경로를 통하여 기꺼이 참여한다. 이런 분들은 삶을 성찰하는 지혜를 갖춘 분이며, 진정한 행복과 기쁨으로 자신이 세상에 존재하는 의미를 찾는다. 고 정주영 회장과 빌 게이츠 정도가 이 범주에 들 것이다. '사업가'는 사업을 통한 이윤을 먼저 생각하고 자신에게 이익이 될 것이 무엇인가를 생각하여 모든 노력을 그 방향으로 집중시킨다. 종업원은 상하관계를 유지하고 사회 기여는 자기사업에 이익이 되었을 때만 참여한다. 당연히 자기희생이나 사회 기여는 피동적일 수밖에 없고, 얼굴내기가 위주가 된다. 다음으로

'장사꾼'은 이윤을 추구하는 것은 당연하고 모든 행동에서 다른 사람을 생각하지 않는다. 내 사업만 잘되면 다른 것에는 눈을 감는다. 따라서 주위나 사회와 국가 등은 후순위로 밀리며, 이타(利他)의 개념은 중요하지 않다. 마지막으로 '장사치'는 모든 것이 장사꾼과 비슷한 범주에 들어가나 남에게 이익은커녕 해를 끼치는 부류이다. 돈벌이를 하면서 남에게 상처를 주거나 부당한 방법으로 타인의 것을 가로채고도 전혀 양심에 가책을 느끼지 않는다.

단지 사업을 하는데 만 이런 분류가 적용되는 것은 아닐 것이다. 우리 일반 범인의 경우도 이런 분류에 따라 적용해 보면 내가 어디에 속하는지를 쉽게 가늠해 볼 수 있을 것이다. 나아가 작금의 우리 정치인들도 이 분류에 따라 자신을 솔직하게 뒤돌아 볼 때이다.

이 사회는 거미줄처럼 서로 얽혀있다. 한쪽에서 흔들리면 다른 쪽에서도 그 흔들림이 전달된다. 내 이익만을 생각하는 사람이 많을수록 협력과 배려에 따른 상승효과는 없어지고, 결국 자신도 부메랑의 피해자가 된다.

오늘 우리 일상의 삶에서 진정한 기업가를 만나고 싶고 그들을 통하여 난마같이 얽혀있는 우리 사회가 좀 더 살맛나는 나라로 거듭 났으면 하는 바람이다.

6. 행복지수와 탐욕지수

행복은 인간의 기본 욕구 중 하나이다. 행복의 기준은 사람마다 각기 다르겠지만, 유엔이 매년 발표하는 세계행복보고서에 의하면 156개국 중 우리나라는 41위다. 덴마크는 2012년과 2013년 연속 1위를 차지하였다. 그 행복지수 산정기준은 안전망, 자유, 관용의식, 주관적 부패지수, 국민소득, 기대수명 등 6가지로 보편적으로 행복을 가늠하는 요건 될 것으로 여겨진다.

세계경제수준 10위권에 드는 우리의 행복지수는 왜 이에 걸 맞는 순위를 차지하지 못하는 걸까? 여러 가지 이유가 있겠지만 행복은 경제, 즉 가진 재화의 양과 비례하지는 않다는 것을 보여준 결과로 본다. 먹고살기 힘들었던 60년대, 70년대의 우리 행복지수와 소득 3만 달러에 근접하는 지금의 행복지수는 소득 상승만큼 따라 갔는가? 관련학자들의 분석에 의하면 부의 정도와 자기만족, 즉 행복지수는 일정 수준까지는 비례하나 어느 한계를 넘어가면 서서히 하강곡선을 그린다고 한다. 그 한계가 소득 2만 불 내외라 한다. 즉, 물질적 재화가 행복을 보장해주지 않는다는 결과이다. 더 넓게 보면 물질의 소유가 행복과는 계속하여 비례하지는 않고, 정도를 넘어서면 그 물질과 부에 의해서 내 행복이 침해당하는 역현상이 일어난다는 것이다.

인간의 본성 중, 지나치게 탐하는 욕심인 탐욕은 동물의 습성과 큰 차이가 없는 것 같다. 욕심을 넘어서 바래서는 아니 되는 것까지 내 것으로 만들려는 마음은 결국 불행을 초래하고 나아가서는 자신을 망치는 결과까지 이르게 되는 것을 종종 본다. 앞으로 행복지수를 조사할 때 탐욕지수도 같이 조사하면 아주 좋은 대비가 될 것이며, 사람들에게 경종을 일으키는 계기가 될 것으로 본다. 탐욕지수는 내가 가진 것에 대한 만족도, 남과 비교하는 정도, 다른 사람과 협동하는 마음가짐, 인간들에 대한 측은지심, 남의 성공에 축하하는 마음을 가짐 등 정신적인 것에 비중을 두어야 할 것이다. 남과 비교하면 아무리 많이 가진 사람도 자기보다 많은 사람이 나타나면 행복하지 못할 것이요, 학교성적이 1등이 아니면 2등도 항상 불만이 쌓이게 된다. 물질적인 것이나 정신분야에서도 자기가 가진 것에 자족할 수 있는 생활의 태도가 행복의 지수가 되어야 할 것이다.

덴마크가 행복지수 1위가 된 것은 스스로 선택할 수 있는 자유, 사회가 나를 보호해준다는 안정감, 남부럽지 않은 평등, 서로를 믿는 신뢰, 서로 의지할 수 있는 사람, 살고 있는 환경에 대한 만족 등 6가지를 꼽을 수 있다. 어떻게 생각하면 쉬운 것 같기도 하지만 사회구성원들의 오랜 생활에서 우러나고 일상의 사고로 정착되지 않으면 도달하기 어려운 경지이기도 하다. 그렇다고 우리 사회는 이런 요건을 갖출 수 없다고 여겨지지는 않는다.

이런 사회는 교육에서 시작이 되어야하는데, 그 교육은 제일 먼저 가정에서 이루어져야하고 그 교육의 주체는 부모라고 여겨진다. 그러나 우리사회에서 부모는 경쟁에서 상대를 이겨야하고 다른 사람보다 더 많이 갖길 바라며, 협력보다는 독식이 더 쉽게 다가오는 환경에서 살았기 때문으로 여겨진다. 불행한 외국의 침략과 전쟁 등은 우리의 사고 바탕을 뿌리채 바꿔버렸고, 죽느냐 사느냐의 기로에서 선택해야 하는 절박함은 생각의 여유를 박탈한 것은 사실이다. 경제적으로 그렇게 풍요롭지 못했던 조선조의 초연한 선비사상은 이 사회에서는 찾아보기 어렵게 되어버렸다.

이제 경제적 안정감을 갖춰가는 시점에서 탐욕의 마음 뿌리를 캐내버리고 여기에 더불어 살아야하는, '우리 함께' 라는 개념을 심어야겠다. 아프리카 반투족은 '우분투(ubuntu)' 란 말을 쓴다. "우리가 함께 있기에 내가 있다" 라는 의미이다. 그래 이제 우리도 손잡고 함께 가는 것을 생활화하여 탐욕지수는 크게 낮추고, 행복지수는 높이는 계기를 마련해야할 때가 되었다. 나옹 선사의 "청산은 나보고 말없이 살라하고 창공은 나보고 티 없이 살라하네. 탐욕도 내려놓고 성냄도 내려놓고 물같이 바람같이 살라하네" 라는 말처럼 일반인은 이렇게까지 살지는 못할망정 매일 한 번쯤은 읽어보고 나를 다스렸으면 하는 마음이다.

7. 나라가 망하는 이유

인류의 긴 역사를 보면 초기 원시 시대에는 가족이나 부족이 중심이 된 소수 집단 생활로 가장이나 족장이 식솔을 거느리는 형태로 큰 문제가 없었다. 이후 집단이 커짐에 따라 조직화되면서 지도자가 필요한 부족 국가로 발전했을 것이다. 이후 여러 수단으로 부족과 지역 간 병합에 따라 더 큰 국가 형태로 변화되면서 관리를 위한 법과 제도가 만들어져 구성원의 생활 기준이 만들어지는 과정을 거쳤다. 현재 지구에는 200여 개의 국가가 있고, 나름대로 자기 실정과 여건에 맞는 관리 체제를 갖추며 여러 지도자 형태로 통치하고 있다. 이들 국가의 역사를 보면 흥망성쇠 과정을 거쳐 현재에 이르렀으며, 근세만 하더라도 여러 이유로 존립이 불가능했거나 융성했던 과거에서 궁핍한 현재로 전락한 경우도 보고 있다.

세계 역사에서 보듯 융성했던 로마 제국이 수많은 유물만을 남긴 채 멸망하였고, 동유럽까지 휩쓸었던 몽고의 칭기즈칸 제국은 그 넓은 정복지를 모두 내놓고 이제 이름만 남은 소국이 되었으며, 세계 해상권을 독차지하고 넓은 식민지국을 거느렸던 스페인이나 영국은 이제 자국 하나만을 자기 영토로 갖고, 언어는 남았으나 옛 영광을 짐작하기가 어려운 상황이면서 당장 살아갈 걱정을 할 처지가 되었다. 중국의 역사는 한 왕조가 어떻게 흥망성쇠의 과정을 거쳐 왔는가를 극명하게 보여 주고 있다. 대략 300년 주기로 한나라가 형성되어 발전하다가, 분열되면서 침략과 내분으로 몰락하고 새로운 정권을 탄생시켰다. 우리나라는 중국보다는 그 주기가 길어 약 500년의 기간으로 흥하고 몰락하는 과정을 거쳤다. 이와 같은 현상은 한 지도 체제가 오래되면서 타성에 젖고, 현실에 안주하면서 외부 변화를 거부하며, 가장 중요한 관리자와 국민이 도덕의 기준을 잃고 부패하면서 시작된다. 이에 따라 윤리 의식이 결여되어 인간으로서 도리를 져버린 결과가 결국 사회와 국가를 위기에 빠뜨리게 된다. 이런 사회는 혼돈스럽고 정의가 실종되어 혼란의 도가니에 빠져들 수밖에 없다.

인도의 성자인 간디는 나라가 망할 때 나타나는 일곱 가지 사회악을 다음과 같이 제시하였다.

첫째 원칙 없는 정치, 둘째 노동 없는 부, 셋째 양심 없는 쾌락, 넷째 인격 없는 교육, 다섯째 도덕성 없는 상업, 여섯째 인간성 없는 과학, 일곱째 희생 없는 종교를 들었다. 이 일곱 가지 사회악을 하나하나 그 뜻을 깊이 되새김해보니 우리의 현실은 이들 기준과 얼마나 차이가 나며 우리 사회는 이렇지 않다고 자신 있게 얘기할 수 있는 항목이 몇 개나 되는지 가늠해본다.

한 나라가 융성하고 쇠락해지는 것은 전적으로 외적 요인에 의한 것이 아니라 내부, 즉 그 사회와 국가를 구성하는 국민과 지도자에 의해서 결정된다는 것을 확실히 알고 있다. 지금도 계속되고 있는 아픈 상처인 근세사에서 일본에 의하여 우리나라가 합병될 당시 시대 상황을 면밀히 분석해 보면 책임을 진 관리자들이 국가보다는 자기중심적 사고방식이 외부의 침략을 불러오지 않았을까 여겨진다. 이후 피맺힌 독립 운동사를 보면 우리 국민은 역시 살아있었음을 여실히 보여 준다.

지금의 지구 사정은 옛날과는 상당히 차이가 있다. 가장 큰 다른 점은 한 나라가 무력으로 다른 나라를 침공하여 병합하거나 식민지화하는 경우는 거의 없어졌다는 것이다(극히 예외는 있지만). 전 세계의 나라가 지켜보고 있으며, UN 등 국제기구가 이를 용납하지 않고 있기 때문이다. 그러나 외형적 병합은 밖으로 나타나는 것이나, 경제적 침략은 물론이요, 외형의 변화 없이 내부의 얼을 빼앗아버리는 더 극악한 결과들이 또한 일어나고 있다.

나와 내 가족이 존재하기 위해서는 이 사회가 있어야 하고, 이 사회를 뒷받침하는 국가가 없으면 어느 것 하나 온전할 수가 없다. 모든 것을 우선하여 국가를 앞에 두는 이유는 나와 내 가족이 존재할 수 있는 가장 근본이기 때문이다.

그래서 자주성을 잃은 나라를 찾기 위하여 우리의 선조들은 목숨을 내놓고 독립 운동을 했으며, 내 모든 것을 내놓고 이런 운동을 돕기도 하지 않았겠는가? 사회와 국가는 개인을 지켜주기도 하지만, 내 후손의 존재까지도 있게 할 수 있는 든든한 바탕이다.

우리 개개인이 간디가 제시한 사회악을 하나하나 곱씹어보며, 우선 나부터 이 사회와 국가에 해악이 된다고 생각하는 것을 멈추고, 이타의 방향으로 내 생각을 바꾸어 나가야겠다. 사회와 국가는 개인으로 이루어졌고, 그 개인의 생각이 집단의 의사로 반영되지만, 가장 중요한 것은 이 국가를 끌고 가는 지도자들의 무한 책임 의식과 이타의 소명 의식이다.

8. 나를 찾아가는 여행

기원전 4세기경 고대 그리스 철학자이었던 소크라테스가 처음 말했다는 너무나 잘 알려진 경구 "너 자신을 알라"는 내가 누구인가를 알기 위한 기원전부터 인간의 관심사였음을 알리고 있으며, 지금까지도 그 답을 찾고자 하는 노력이 계속되고 있나 보다. 이 경구를 되새기면서 미처 깨닫지 못한 사람들을 인도하려 노력하는 종교계에서도 이 영원한 천년의 숙제를 화두로 삼아 정신 수양을 하고 있는 경우를 본다. 나는 어디서 와서 지금 어디를 가고 있으며, 이생의 끝에 다다르는 곳은 따로 있는 것인가? 인류의 기원과 함께한 수천 년의 해묵은 질문을 되새기면서 살아가고 있다.

사는 것이 벅차고 피곤하여 미처 사치스런 이 생각을 뒷전으로 미루는 경우도 있지만, 많은 사람들은 기회가 있을 때마다 자신을 뒤돌아보면서 같은 질문을 할 것이다. 답이 없이 미궁에 빠지면서도 끊임없이 우리 마음의 주위를 맴도는 질문이다. 이 질문에 답을 얻기 위한 방법으로 참선, 선, 명상, 관조, 기도라는 이름으로 자신을 깊이 관찰하는 시간을 갖기도 하지만, 결코 쉽게 답을 얻기는 쉽지 않을 것 같다. 이 해답을 얻기 위하여 종교에 의지하고 선인의 깨달음을 배워서 스스로 이 답을 얻기 위한 노력을 하지만, 자아가 아닌 다른 대상에 의지하여 나를 찾는다는 것은 헛수고로 보인다. 그리하여 과거와 현재, 그리고 내가 갈 앞일을 알려 주어 궁금증을 해소하고자 하는 관상이나 사주 등 명리학이 한 학문으로 자리 잡고 있기도 한다. 이들 이론에 의하면 태어난 생년월시가 내 갈 길을 정해 준다는 것을 암시하면서 '연월일시, 기유정(年月日時, 旣有定)' 인데, '부생, 공자망(浮生, 空自忙)' 이라 일컫기도 한다. 이렇게 모든 내 운명이 정해져 있다면 별 수 없겠지만, 이를 모두 수용하기에는 미련과 의심이 남는다. 결국 나를 찾는 주체는 나이기 때문에 그 누구도 나를 찾는데 동행해 줄 수 없고, 단지 방법과 길을 알려주는 것이 전부이며, 그 길을 찾아가는 것은 나 자신이 될 수밖에 없다. 그 길이 정해지지 않았다면.

나는 가끔 내가 태어나서 어린 시절을 보냈던 고향의 냇가, 새막(원두막)을 생각한다. 수십 년을 단숨에 뛰어넘어 그곳에 가면 어머니, 할머니, 아버지, 할아버지가 계신다. 그 틈에 내가 있고, 은근히 이분들에게 묻는다. 내가 누구이고 지금 어디로 가는가를. 그러면 나를 있게 해 주신 분들이 빙그레 미소를 짓는다.

왜 사느냐는 질문에 배부르고 여유가 있으니 쓸데없는 상념이라고 치부해 버리면 쉬운데, 배고플 때 배고프다고 느끼는 나는 실존하는 것인가 하는 엉뚱한 의심이 떠오르기도 한다.

어제에 이은 오늘, 다시 내일이 올 것이며, 이 시간들이 쌓여 내 일생을 만드는데, 어제, 오늘, 내일이 있을 것이므로 그냥 시간의 흐름에 맡기는 처방이 지금의 나인가보다.

오늘은 어제 생을 마감했던 분이 그렇게 맞고 싶었던 날이었음에도 불구하고 나에게는 그저 평범한 하루로 치부되고 있다. 이 날들이 쌓이고 겹치면 그때 가서야 내가 어디에 도착하는지를 알게 되려는지? 백양사 절 입구 큰 돌에 크게 새겨진 깨친 스님께서 화두로 말씀하셨다는 "이 뭐꼬?"라고 하는 가슴을 선뜻하게 하는 글이 있는데, 모든 것을 알았다는 해탈의 뜻인지, 혹은 아무리 노력해봤어도 도대체 모르겠다는 말씀이신지 여쭈어 볼 수 없으니 답답하구나. 잘 알려진 19세기 아일랜드 태생의 극작가요 소설가이면서 비평가로 노벨 문학상을 받은 버나드 쇼도 그의 묘비명에 "나 우물쭈물하다가 내 이럴 줄 알았다"라고 썼다든가? 무척 알아내고 터득하고 싶었던 궁금한 것들이 많았는데, 결국 알지 못하고 영원히 누워 버린 것을 한탄한 심경을 토로한 것은 아닌지? 결국 정신세계에서 한 지평을 열었던 선각자들께서도 우리 생을 정의하는데 여러 망설임의 말씀을 남긴 것을 보면 평범한 나는 답이 없는 질문보다는 그저 오늘을 알차게, 헛되지 않게 보내는 방법밖에 없나보다. 그 다음 오는 일은 그때에 맡기고.

'일일시호일(日日是好日)'이라 매일을 좋은 기분으로 맞으면 그 또한 좋아지겠지.

9. 나무처럼 살고 싶다

의연히 수백 년을 한 자리를 지키며 모든 풍상을 견디어낸 나무를 닮고 싶다. 바라는 것 없이 모든 것을 자연에 내어주는 나무의 심성을 내 마음 속에 간직하며 나무처럼 살고 싶다. 종교를 떠나 관련 학자들의 주장에 의하면 태초에 해양에서 유전 인자가 우연히 만들어졌고, 이를 바탕으로 초기 단세포 생명체가 탄생하면서 해양 식물, 해양 동물, 육상 식물, 육상 동물로 진화되었다고 한다.

진화의 기간은 무척 오래 걸렸겠지만, 결국 하등 생물이 진화되고 여기서 식물, 다시 동물로 변이되었으며, 동물이 계속 진화하고 분화하면서 인간으로도 되었다는 이론이다. 믿기 어려운 사실이지만 고생대 화석으로 밝혀지는 지식은 진화의 과정을 보여 주고 있다. 이와 같은 사실을 증명하는 것으로 원숭이나 침팬지의 유전 인자와 인간의 유전 인자와는 95%가 유사하고, 더 나아가 식물의 유전자 구성과 인간의 것도 생명 현상을 유지시키는 기본 기능을 갖는 유전자는 공통으로 가지고 있다고 한다. 즉, 진화론의 입장에서 보면 모든 생명체의 뿌리는 하나라는 추론이다. 이런 논리라면 내가 같은 뿌리에서 시작한 나무를 닮고자 하는 것은 큰 욕심이 아니라는 엉뚱한 생각도 해본다.

사람은 물리적인 나이가 아니라 생각과 마음이 성장을 멈추었을 때, 즉 호기심이 없을 때 비로소 늙어 간다고 한다. 보통 우리는 나이 기준으로 늙었다고 얘기하는데, 이 말이 옳지 않다는 것이다. 일부 나이 들은 분들도 젊은이 못지않게 새로운 생각과 호기심 그리고 이에 걸 맞는 행동으로 자신을 발전시키고, 내일을 향하여 힘차게 나아가는 것을 본다. 이런 경우는 육체적인 나이와 정신적인 나이는 비례하지 않는다. 오히려 나이 젊은 사람이 도전을 기피하고 현실에 안주하거나, 조그만 위험도 맞서지 않으려는 것은 겉늙었다는 징표가 아닐는지?

나무는 어떤가? 살아 있는 나무는 매년 때가 되면 꽃을 피우고, 봄이 되면 새싹을 밀어 올리는 것을 한 해도 거르지 않고 있다. 어느 날 세월이 수 백 년 흘러 이제 늙었으니 새싹과 꽃 피우기를 멈추는 적이 있는가? 용문사에 1100년째 살고 있는 최고령 은행나무는 올해도 새싹을 힘차게 틔우고 초록색 작은 꽃을 피울 것이며, 가을이면 노란 은행을 맺어 후손으로 남길 것이다. 그리고 한 해 한 해, 그 해의 발자취를 자기 몸속에 기록하는 나이테를 만들어 지나온 역사의 흔적을 정확히 남기고 있다. 나무는 성장을 멈추면 생을 마감하는 것이다. 즉, 새롭게 변화하지 않고 진화하지 않으면 더 이상 생명을 지속하지 않는 것이다.

우리 인간은 어떤가. 늙음은 성장을 멈춘 것이라 여겨 새로운 것에 도전할 기회를 스스로 포기하고, 지금에 안주하여 더 이상 앞으로 나가는 것을 멈추는 경우를 본다. 식물로 보면, 이미 생명 현상을 더 이상 유지할 수 없는 죽은 상태를 의미한다. 변화를 멈추고 앞으로 나가지 않으면 더 이상 살아 있다고 볼 수 없다는 것이다. 우리는 나무를 닮아 매일매일 새로운 것을 받아들이고 새롭게 태어나는 연습을 해야 하지 않을는지? 다른 사람들과 교류하면서 책을 읽고 쓰면서 정신 영역의 범위를 넓히고, 운동을 통하여 육체적 건강은 챙기며, 또 생업과 봉사를 통하여 사회에 기여함으로써 어제와 다른 오늘, 또 변화를 기대하는 내일을 맞을 수 있을 것이다.

이 순간에도 태양 에너지를 받아 동화작용을 통하여 공기 중의 탄산가스를 흡수하고 모든 생명체에 필수인 산소를 생산해 내는 나무에서 배운다. 이 과정에서 지구상 모든 동물에게 필요한 각종 영양원을 만들 줄뿐만 아니라 다음 세대를 위하여 씨앗을 영글게 하며 한순간도 변화와 발전을 위한 활동을 멈추지 않는 나무는 평생 본받아야 할 나의 말 없는 스승이다.

'역수행주, 부진즉퇴(逆水行舟, 不進卽退)' 라, 물살에 떠밀려갈게 아니라 앞으로 나가는 몸짓만이 살아 있다는 증거이며, 이렇게 하여 오늘에서 다른 내일을 꿈꿀 수 있을 것이다.

10. 새해에 태어나는 후손을 위하여

나는 육갑으로 쳐서 계미(癸未)생으로 양띠이다. 양을 닮아서 자칭 순하고 속이는 버릇을 간직하지 못하였다고 여기고 있다. 이 해에 태어나는 우리 신세대들도 나와 같은 양띠이니 양의 장점을 많이 받고 여기에 진취적 기질과 긍정적인 사고를 함께 하도록 빌고 싶다.

새로 태어나는 자식들은 우리 모두 알고 있듯이 부모의 유전자를 반반씩 물려받아 모습과 성질이 부모를 많이 닮게 된다. 그래서 부모에게서 받은 유전자가 태어나는 어린애의 운명을 크게 좌우하는 것은 당연한 일이겠으나 이 유전자가 성장하면서도 원래 모습대로 유지되어 변화 없이 일생에 영향을 미친다는 것에는 다른 의견을 제시하는 과학자가 많아지고 있다. 즉, 후생 유전학 분야에 관심을 갖는 학자들은 부모에게 받은 유전자도 임신 중이나 살아가면서 여러 요인에 의해서 바뀔 수 있다는 것이 정설이 되고 있으며, 이런 사실이 실제로 실험을 통해서 증명되고 있다.

유전 인자에 변화를 주는 요인 중 가장 크게 작용하는 것이 먹는 음식이다. 좋은 사례가 우리 주위에서 쉽게 볼 수 있는 꿀벌이다. 여왕벌이 수벌과 짝짓기 하여 알을 낳고, 그 알이 부화되어 애벌레가 된 후에는 일벌들이 먹이를 주어 양육을 맡게 된다. 양육할 때 먹이가 무엇이냐에 따라 일벌이 되거나 여왕벌이 된다. 즉, 일벌이 애벌레에게 계속 꽃가루와 꿀을 먹이면 성이 없는 일벌이 되고, 이 애벌레에 로얄젤리를 먹이면 여왕벌이 되는 것이다. 같은 알에서 깬 애벌레의 먹이에 따라 이렇게 큰 차이가 일어나는 것은 먹는 것이 유전자 변화에 크게 영향을 미치고 있다는 것을 단적으로 보여 주고 있다. 이를 과학적으로 증명하기 위하여 흰쥐를 대상으로 실험한 결과, 정상 먹이를 준 경우 태어난 쥐새끼의 털 색깔은 흑과 백의 비율이 3:1로 나타나는데, 특정한 조성의 먹이를 주었을 때는 이 비율이 1:3으로 변하여 백색의 쥐가 더 많아진다. 이 결과는 확실하게 먹이로 인하여 쥐의 털 색깔을 결정하는 유전 인자가 변했음을 증명하고 있다. 이런 변화는 자연계에서도 계속 일어나 자기 종족을 발전시키고 유지하기 위해서 끊임없이 유전 인자를 변형시키고 있다.

사람에게서도 이런 현상은 나타나고 있다. 즉, 임신한 엄마가 담배를 피우거나 술을 과도하게 먹는 경우 태아에 이상을 일으키고 비정상적인 후손을 얻게 되는 경우가 나타난다. 다시 말하면, 엄마가 섭취한 유해 물질이 태아의 유전자에 변화를 일으켜 비정상적인 태아가 태어나게 되는 것이다.

여기서 우리 조상들이 오랫동안 끊임없이 실천해 왔던 태교의 의미를 다시 한 번 생각하게 된다. 우리의 어른들은 자손이 결혼하여 임신하기 전부터 부부의 몸가짐을 챙겼고, 임신 후에는 먹는 것, 듣는 것, 행동하는 것, 심지어 보는 것까지 가리라고 교육시켰다. 지금도 젊은 임산부가 태교용 음악을 듣거나 도움이 되는 글을 읽는 등 많은 노력을 하는 것은 태아의 유전 인자에 좋은 영향을 주어 훌륭한 후손을 키우기 위한 노력의 일환이다. 즉, 태교를 통하여 엄마의 뱃속에 있는 태아의 유전자를 좋은 쪽으로 유도하고 훌륭한 기질을 갖는 후손을 갖기 위한 엄마의 노력이다. 태아의 유전자에 미치는 요인은 먹는 음식의 영향이 크나 그 외 엄마의 생각과 여러 가지 스트레스, 생활하는 환경 등도 관계된다고 여겨진다. 태교가 앞으로 태어날 태아의 건강과 유전 요인에 크게 영향을 줄 수 있다는 것이 과학적으로 증명되고 있으므로, 이런 요인들을 태교에 포함시켜 임산부의 교육에 활용했으면 한다. 현대 과학으로 증명되고 있는 이와 같은 사실을 일찍 알아내셨던 우리 조상들의 슬기에 머리가 숙여진다.

근래 계속하여 출산율이 떨어져 우리나라 앞날이 걱정되는데, 어렵게 태어나는 다음 세대가 올바르고 건강하게 자랄 수 있도록 임산부에게 체계적으로 태교를 시켜 숫자는 줄어들지만 일당백의 훌륭한 후손을 양육할 수 있게 모두의 관심이 필요하다.

11. 세계 인구의 반은 굶주린다

배고픔, 굶는 것만큼 참기 어렵고 비극적인 일이 인간 사회에 또 있을까? 먹지 못하여 건강을 해치고 생명을 잃는 사람이 이 지구에서 매년 수백만 명에 이르고 있으며, 심각한 기아 상태나 만성 영양실조로 건강을 유지하지 못하는 인구를 합하면 전 인류의 1/7에 해당하는 8억5000만 명(FAO, 2005)에 이른다는 보고이다. 식량 부족이나 영양 결핍은 지역별로 명확히 구분된다. 아프리카 북부 지역과 남아메리카 몇 국가, 동남아 일부 국가, 그리고 북한까지 포함된다. 인구로 보면 아시아에 5억5000만 명이 심각한 영양실조이니 가장 심각한 지역이라 여겨진다.

산업 혁명이 일어난 19세기 이후 세계는 물질적인 결핍은 크게 완화되었지만, 지역적 편중 현상은 심각하여 식량 부족에 따른 기아의 문제는 아직도 해결되지 않은 어려운 문제로 남아 있다. 문제의 핵심은 기후와 지정학적 특성, 국가와 사회 구조, 그리고 국가의 통치 방법 등에 이유가 있다고 전문가들은 판단하고 있다.

국제기구 조사에 의하면 농업 생산력을 기준으로 계산하면 지구는 120억 명의 인구를 먹여 살릴 수 있으며, 이는 지구에 사는 모든 인간에게 하루 2400~2700㎉ 정도의 식품을 공급할 여력이 있다는 것을 의미한다. 반가운 일이긴 하나 고루 혜택이 돌아가지 않는 것이 가장 큰 문제로 대두되고 있다. 즉, 식량 자체는 넉넉하게 생산되는데도, 가난한 국가나 사람들에게는 식량을 구입할 경제적 여력이나 이동 수단이 없어 식량을 확보할 수 없으며, 또 한편으로는 평등하게 분배되지 못하기 때문에 곳곳에서 기근을 겪는 비극적인 현상이 일어나고 있다. 특히 국가의 정치적 불안은 사회 불안정과 농업 기반을 뒤흔들어 빈국의 식량 사정을 더욱 악화시키고 있다.

대부분 식량 자급 및 과잉 생산국은 세계 최선진국으로 곡물 수출에 의하여 막대한 수익을 얻고 있으며, 자국의 농민 소득 향상에도 기여하고 있어, 앞으로 식량의 배분에 인도적인 배려를 기대하기 어려운 처지이다. 더욱 최빈국의 식량 사정을 더 나쁘게 만드는 것은 가장 값싼 곡물 자원인 옥수수 총생산량의 1/4은 육류 공급을 위해서 부유한 나라의 소나 닭, 돼지가 먹고 있는데, 동물들은 배를 충분히 채우고 사람은 굶는 비정상적인 상황이 벌어지고 있다. 즉 소, 돼지는 배를 채우고 사람은 굶는 비인도적인 현상을 경험하고 있다.

우리나라 식량 사정은 어떤가? 2012년 사료 곡물을 포함한 식량 자급률은 23.7%에 불과하고, 매년 자급률은 떨어지는 경향을 보이고 있다. 특히 매 정권마다 식량 자급률 제고를 외치고 있으나 나타난 결과는 만족스럽지 못하다. 더 비관적인 것은 앞으로도 개선될 가능성이 낮다는 것이다. 이런 여건은 한정된 경작 면적과 농업구조와도 관계가 있을 것이다. 즉 농업 종사자의 감소, 인력의 노령화, 그리고 더욱 심각한 것은 수입 농축산물과 국내 생산물의 가격 경쟁력의 상실이다. 대부분의 국내 생산 농축산물은 국가의 여러 보호 정책에 따라 근근이 명맥을 유지하고 있으며, 소비자의 국산 선호 경향이 도움을 주고 있으나 이런 현상이 얼마나 더 지속될지는 모르는 일이다. 식량 자원 확보를 위한 수용 가능하며, 현실적인 장단기 정책이 수립되어 국가 안보에 버금가는 식량 주권을 확보하는 것에도 우리 힘을 모아야 할 것이다. 자국 내 생산이 한계에 이른 경우 외국의 농지를 활용하여 부족한 식량자원을 확보하는 방법도 국가차원에서 심각하게 고려되어야 한다.

우리나라 식품산업이나 외식산업은 원료를 생산하는 농수축산업에 바탕을 두고 있으므로 식재료 확보를 위해서 수입 농산물뿐만 아니라 국내산 원료의 이용확대에도 각별한 노력을 기울여 제2의 식량 증산에 기여해야 할 것이다. 국내 원료가 어느 수준까지는 확보되어야 안정된 사업 활동이 가능할 것이다.

12. 낙엽을 수익원으로 바꾸자

아름다운 단풍의 계절이 끝났다. 봄, 여름 내내 나무의 성장과 후손을 잇기 위한 열매를 맺도록 태양 에너지와 공기 중 탄산가스를 모아주었던 나뭇잎사귀가 신비의 역할을 마감하고 다시 자연으로 돌아가는 순리를 따르고 있다. 계절이 뚜렷한 우리나라 기후에서 상록수를 제외하고 낙엽수는 늦가을부터 잎을 떨어뜨리기 시작한다. 산하의 단풍은 아름답지만 땅에 떨어진 낙엽은 땅으로 돌아가는 것 외에 별 용도가 없다. 이 낙엽의 다른 용도를 찾아내어 단풍의 아름다움에 더하여 수익을 창출하는 대상으로 생각해 볼 필요가 있다.

나뭇잎은 단풍으로 변하면서 눈으로 보이는 신비의 색깔과 함께 많은 생리활성 물질과 여러 용도로 이용할 수 있는 색소 물질을 가지고 있다. 지금까지는 수거된 낙엽은 일부 퇴비로, 혹은 태워버리거나 매립하는 것이 처리방법이었고 일부만이 다른 용도의 자원으로 활용되고 있다.

늦가을 길거리에 떨어져 나뒹구는 낙엽은 경관도 해치며 이를 치우기 위해서 미화원에게는 큰 짐이 되고 있다. 이제 이 낙엽을 여러 용도로 활용할 수 있는 길을 찾아야겠다. 충분히 가능성이 있다. 이미 핀란드 같은 나라는 낙엽 이용방법을 연구하고 있는데 구체적인 내용은 아직 베일에 가려져있으나 파일럿 실험이 진행되고 있음을 밝히고 있다.

일부 알려진 용도는 색소를 추출하여 식용으로 활용하거나 단백질을 분리하여 가축사료로 이용하는 방법, 또는 항균물질을 추출하여 천연보존제로 사용할 수 있는 가능성을 실험하고 있다. 식물 잎의 특성상 검토할 충분한 가치가 있다.

낙엽은 근본적으로 전체가 유기물이며, 다양한 생리작용을 해왔던 중요한 생체기관이다. 많은 곤충과 벌레들의 식량원으로 이용되고 있어 더 많은 실험이 수행되어야 할 것이나 1차적으로 안전성에서 예비단계를 거쳤다고 여겨진다. 앞으로 예상되는 용도를 검토해보면 나뭇잎 자체를 그 모양대로 유지시켜 관상용이나 장식용으로 활용할 수 있는 가능성이 충분하다. 예를 들면 감나무 잎의 아름다운 색과 무늬, 그 촉감은 신비롭다. 생활공간이나 식당의 장식, 접시에 깔아 음식의 품격을 높이면 얼마나 훌륭한 작품이 되겠는가? 이런 용도로 활용하기 위해서는 색소 고정과 건조에 의한 부서짐을 막는 방법이 개발되어야할 것이며, 우리기술로 충분히 해낼 수 있을 것이다. 아울러 고급 벽지의 구성 재료로 활용이 가능할 것이다. 색깔이 살아있는 잎사귀가 벽에 붙어있다면 그 운치가 다를 것이다.

식품이나 의약용으로 몇 가지 방안을 고려해 볼 수 있다. 의약용으로는 은행잎 추출물이 혈행 개선제로 이용되어 국내는 13억 원, 국제적으로는 94억 달러 시장을 형성하고 있다. 낙엽의 아름다운 색소는 주로 카로티노이드계 색소로 루테인 베타카로틴, 안토시아닌 등으로 폭넓은 색소물질을 분리할 수 있으며, 이들 대부분은 천연 식용색소로 이용할 수 있을 것이다. 천연색소원이 많지 않은 우리나라에 새로운 색소 자원을 발굴하는 계기도 될 것이다. 아울러 잎의 종류에 따라서는 상당량의 단백질을 함유하고 있으므로 이를 분리하여 사료 자원으로 이용할 방법을 찾을 수도 있고, 압착 성형하여 열원으로 사용 가능하다. 색소를 추출하거나 단백질을 분리하고 남은 찌꺼기는 대부분 섬유질이므로 아주 좋은 퇴비원이 된다.

이들 낙엽을 활용하기 위해서는 종합계획이 수립되어야할 것이다. 첫째, 낙엽을 효율적으로 수거할 수 있는 기계장치가 개발되어 수집비용을 낮춰야 할 것이다. 둘째, 나무종류별 특정성분의 함량을 체계적으로 분석하며 용도를 확인해야할 것이다. 장식용으로 사용하는 것을 수작업이 필요할 것이며, 상당히 고가로 수요처에 판매할 수도 있을 것이다. 다음으로는 퇴비화하기 위해서 첨단 발효기술이 적용되어야 한다. 낙엽에는 상당량의 섬유소가 들어있으며 보통의 방법으로는 분해 속도가 늦다. 따라서 최적의 미생물을 찾고 가장 적합한 발효기법을 도입하면 우수한 복합퇴비원이 만들어져 유기농을 하는 농가에 좋은 유기질 거름이 될 것이다. 훌륭한 유기자원인 낙엽을 부가가치가 높은 자원으로 활용할 길을 찾아야 한다.

자연이 우리에게 준 귀한 자원을, 그 가치를 살려 최대한 활용하는 슬기를 발휘할 때이다.

13. 긍정의 힘

나라가 온통 혼돈과 무기력에 빠져 앞을 가늠할 수가 없는 지경에 이르렀다. 그런데도 이 엄중한 현실에서 어느 한 사람 앞을 내다보면서 방향을 제시하고 모든 국민이 수긍하여 뒤따를 지도자가 없는 것이 안타깝다. 모두가 서로를 비난하고 잘못한 것만 들추는 것에 온 힘을 쏟고 있다. 자칭 지도자라고 하는 사람들은 자기 잇속 계산에만 마음이 바쁘다는 생각이 들게 행동하고 있다.

물론 잘못한 것, 범법행위를 가려야하고 응분의 책임을 지게 하는 것은 당연한 일이나 작금의 세태는 나라 전체가 심각한 부정의 늪에 빠져 앞을 가늠할 수가 없는 지경에 이르러 국민 모두가 희생자가 되는 심각한 상황이 되어 버렸다. 나라 장래가 심히 걱정스러운 지경이다.

우리민족은 몇 천 년 이 땅에서 삶을 영위해 왔고, 이 나라는 현재를 살아가는 세대만의 것이 아니고, 영원히 존속하고 앞으로 후손에게 영광스럽게 물려주어야 할 내 조국이다. 지금의 우리는 이 나라를 지키고 위상을 다시 본 괘도에 올려놓아야 할 엄숙하고 막중한 책임을 지고 있다. 이를 잊으면 역사의 죄인이 될 수도 있다. 그런데 걱정스러운 현상은 지금 넓게 퍼져있는 국민들의 부정적인 생각은 부정적인 결과를 끌어들이고, 이는 다시 악순환의 빌미가 될 수 있다는 것이다. 이제 긍정의 힘으로 부정적인 생각과 마음을 떨쳐버리는 노력이 필요한 때이다. 이 어려움을 딛고 일어서서 더 나은 세상을 만들기 위해 국민 모두가 스스로 닥친 이 어려움을 극복할 수 있다는 긍정의 힘을 발휘할 때이다. 고난을 이겨낸 힘을 밑거름삼아 더 나은 사회와 국가를 만들 수 있지 않을까한다. 지난 몇 주간 100만~150만여 명이 모인 집회의 모습을 보라. 마음 가득한 분노를 억제하고 모두의 생각을 한데 모아 표출하는 성숙하고 장엄한 광경은 이제 부정적 생각을 내일을 향한 긍정의 힘으로 모아줄 핵심이 필요하다. 이 나라는 반만년의 유구한 역사와 불굴의 정신을 대대로 이어온 민족이다. 어떠한 역경에서도 국민의 힘을 모아 슬기롭게 대처하고 이겨왔으며, 수많은 외침과 국난에서도 굳건히 나라를 지켜왔고, 우리의 얼인 언어와 문화를 고유하게 보존하고 있다.

일시적인 혼란과 어려움을 당한다 해도 우리의 역량으로 충분히 이겨낼 수 있다는 것을 믿는다. 이제 각자가 한걸음씩 물러나 나라와 민족을 생각하는 여유를 가졌으면 한다. 자기의 개인 욕심이 앞서면 옳은 판단을 할 수가 없다. 긴 역사 속에서 내 한 사람의 수명은 한 순간이고 지금의 영화도 결코 오래가지 못한다는 것은 누구나 잘 알고 있는 진리이며, 이 순간 그 생생한 실례를 보고 있다. 내 중심의 탐욕을 내려놓고 지나온 역사의 흐름을 살피고 앞으로 가야할 길을 내다보면서 내 위치와 역할을 되짚어 봐야할 시점이다.

한 가정도 부부와 자식들의 생각이 다르면 결코 화목한 가정이 되지 못하듯 국가 또한 다르지 않다. 분열된 생각은 힘을 잃는다. 시대를 걸머진 책임자들의 행태가 아무리 마음에 들지 않는다하더라도 어쩌겠는가. 지금 이 순간에 일시적일 망정 그들이 나라의 운명을 결정하고 있는데... 그러나 이들 지도자를 만든 바탕에는 국민이 있다는 것을 엄중히 생각하여야 할 것이며, 이 나라는 그들의 전유물이 아니라 영원히 국민의 것이고 국민이 주인이다. 이 몇 주간 백 만여 명이 모인 집회에서 이 나라 국민의 정신적인 수준과 그 진가를 세계만방에 알렸다. 이 힘을 결집하여 너 나를 나누지 말고 더 나은 이 조국을 만들기 위하여 각자의 일에 매진하면서 다시 한 단계 도약할 계기를 마련해야겠다.

긍정의 힘이 모이면 긍정적인 내일이 앞에 온다. 국민들의 올바른 생각은 이 나라를 옳은 길로 유도할 것이다. 이제 부정의 생각을 접고 내일을 향한 긍정의 생각으로 더 나은 세상을 만들기 위해 모두가 힘을 합쳐야 할 때이다. 우리민족에게는 그럴 수 있는 잠재력이 있다.

14. 겨울이 우리에게 주는 선물

가을이 낙엽과 함께 한 계절을 마감하고 겨울로 자리를 넘겨주었다. 가장 자연스러운 현상이고, 이런 흐름을 모든 창조물은 아무런 거부감 없이 받아들이고 있다. 이와 같은 우주의 순리를 묵묵히 수용하고 변화하는 환경에 맞서도록 자신을 추스르고 있다. 우리가 맞는 4계절은 각각 특징이 있으나 겨울을 맞이하는 감회는 사람마다 다를 것이다. 왕성한 생산 활동을 통하여 자기 몸을 불려왔던 동식물들은 여름에 에너지를 충실하고 착실하게 비축하여 그 결과를 거두는 계절, 가을을 뒤로하고, 이제는 성장을 멈추고 눈을 내부로 돌려 나를 보는 계절이 겨울이 아닌가 싶다. 동면을 하는 동물은 다른 생물체와는 아주 다른 이 계절을 맞아 쉼의 정수를 터득하기도 한다.

겉으로 보기에는 살아있는 생물의 활동이 느려지는 것 같기는 하지만 모든 생명체의 생리활동은 계속되고 있으며, 이에 따라 여러 변화가 일어나고 있다. 나무는 겨울에도 성장을 계속하여 나이테를 만들고 있으며, 일년생 식물은 씨를 남겨 내년을 기약하고 있다.

우리 몸도 한순간도 멈추는 법이 없이 모든 생리활동이 계속되며, 외부의 온도에 적응하여 정해진 체온을 유지하기 위해서 외기에 맞서 더 많은 에너지를 얻기 위한 노력을 한다. 이는 단지 육체적인 활동이고, 또 다른 한편으로는 이 계절에 따른 우리 정신상태의 변화가 아닌가 한다. 외기의 영향으로 몸과 마음이 움츠려 드는 것은 어쩔 수 없이 자연을 받아들이는 현상이긴 하나 정신영역에서는 나를 더 살찌우는 계절이 겨울이 아닌가 한다.

뒤뜰의 청청했던 대나무 숲에 흰 눈이 쌓인 모습은 고요를 넘어 정적의 경지에 들어보는 계기가 되고 새로운 풍광을 맞아 평소 느끼지 못한 또 다른 나를 발견하는 기회를 맞기도 한다. 이런 자연의 섭리, 잠시 쉼의 경지에서 자신을 한 번쯤 돌아보는 시간을 맞기도 한다. 그래서 스님들은 동안거에 들어가 나의 내면을 보고 정신을 집중하여 깨우침의 순간을 맞으려 노력하지 않나 여겨진다.

현대인은 직장생활에 매여 계절의 변화나 자연의 흐름을 느낄 여유도 없이 바쁘게 살아가나 잠시 멈추어 큰 자연의 흐름에 내가 얹어 있다는 생각을 할 계절이 지금이 아닌가 한다. '멈추면 보인다' 는 책 제목처럼 바삐 움직이다가 이 겨울에는 서둘러 움직이는 것을 조금은 늦추거나 잠시 쉬면서 나를 추스르는 기회가 되었으면 한다. 따뜻하게 데워놓은 아랫목에 앉아서 아침 참새들이 지저귀는 소리에 귀를 기울여보고 앞마당에 눈 쌓이는 소리를 귀담아 들어 보는 정취에 몰입하여 고요히 자연 속에 내가 스며들어 융화되는 순간을 즐겨보았으면 한다.

경제사정은 나아졌으나 우리의 정신세계는 자꾸만 황폐해지고 있다는 생각이 든다. 지금 닥친 생활에 쫓기다보면 물리적 요인에 집착하게 되고, 육체를 다스리는 정신영역에 마음을 둘 수 없는 시대에 살고 있다. 그래서 우리나라 사람들의 행복지수가 경제 순위에 걸맞지 않게 낮은가 보다.

이 겨울에는 움츠러드는 육체를 추스르면서 정신적으로 성장하는 계기가 되고 짧은 시간이라도 명상을 통하여 돌보지 않았던 내 마음 속, 깊은 곳에 눈길을 주었으면 한다. 이 겨울은 육체의 건강과 함께 정신영역도 살찌우고 외형적인 나 만들기에서 내면을 살찌우는 기회가 되었으면 한다.

시인 김해인님의 한해의 기도 중 "12월에는 내 마음에 감사가 일어나게 하소서. 한 해 동안 실패와 상실, 아쉬움 등 모든 일을 받아들이고 그것까지도 다 감사하게 하소서"처럼 내 마음을 열고 주위 사람들을 둘러보고 나를 있게 한 것에 감사하며, 함께하는 마음이 들도록 마음의 지평을 넓혔으면 한다.

정신 수양에 최적의 계절은 육체가 움츠러드는 겨울이 제격이요, 겨울이 우리에게 주는 큰 선물이기도 하다. 자고 일어나서 눈을 떴을 때 나에게 주어진 새로운 하루가 감사하고 축복받았음을 아는 여유로움을 갖는 계절이 되길 기원해 본다.

15. 긍정적 사고와 부정적 사고의 차이

아침잠에서 깨어나서 정신이 들 때부터, 다시 뇌가 쉼의 상태가 되는 잠들 때까지 삶의 필요에 따라 매 순간 의식적이나 무의식적으로 많은 결정을 하고 선택을 한다. 일어날 때도 지금 일어날 것인가 아니면 더 자면서 게으름을 피울 것인가, 아침밥을 먹고 출근할 것인가 혹은 밥을 먹지 않고 쫓겨서 회사에 갈 것인가, 그냥 건너뛸 것인가 등 자신의 의지나 습관으로 내 행동을 정하는 순간도 있고 의지와 상관없이 본능적인 결정을 하는 것도 많다.

우리 마음속에서 일어나는 결정을 하나하나를 인식하지도 못하고 습관적으로 따라가는 경우도 있다. 특히 돌발사태가 벌어졌을 때 머릿속의 무의식은 생존을 위한 조건반사 반응이 있는가 하면 다른 한편으로는 각자의 의지가 작용하여 우리 육체와 정신을 움직이고 있다.

긍정과 부정의 생각은 우리 의지의 상태와 연결된다. 즉 한 가지 사안에 대하여 내가 어떻게 반응할 것인가에 대한 마음의 결정이다. 우리 마음은 항상 변하며, 그 변화를 나 자신도 감지하지 못하는 경우도 많다. 이 과정에서 가장 중요하게 여기는 것이 나 자신에게 이익이 되느냐 그렇지 않느냐가 아닌가 한다. 내가 처해있는 상황에서 이익이 되면 받아들이는 쪽으로 판단을 하고, 그 반대인 경우 거부하는 것이 인간의 일반적인 본성이 아닌가 한다. 그러나 우리가 아는 많은 성현이나 존경의 대상이 되는 유명 인사들은 자기 이익이 우선이 아니고 진리가 기준이 되거나 나라나 민족 혹은 타인의 입장이 기준이 되었던 경우가 많았다. 그래서 보통 사람이 하지 못할 것을 열과 성을 다하여 주어진 일을 추진하고 성사시키면서, 때에 따라서는 목숨의 위협까지 감수하면서 자기의 의사를 관철시키는 것을 보면서 존경과 흠모의 정을 느끼게 된다. 긍정적이고 옳은 것에 하나밖에 없는 자기의 생명을 바치기도 하고, 큰 불이익을 감수하기도 하는 경우를 종종 본다. 우리가 존경하는 애국자들, 국가를 곤경에서 구출했던 선조들은 모두가 긍정적으로 미래를 점치면서 자기의 이익보다 국가나 민족의 장래에 자기의 가치 기준을 두었던 분들이다. 평범한 사람의 경우 대부분 한정된 범위에서 내 이익이 판단의 기준이 되는 것이 일반적이지만, 사소한 일에서도 옳고 그름을 판단하고, 긍정적이고 옳은 쪽에 서는 사람들이 많아지면 밝고 정의로운 사회가 될 것이다. 더더욱 국사를 책임지거나 많은 사람의 이해관계가 연계되는 일을 처리하는 사람은 시간이 지나고 나서도 자신의 행동에 책임질 각오가 되어 있어야 한다.

매 순간 자신의 선택에 의한 긍정적 사고와 부정적 사고는 결과에 큰 차이를 보인다. 우리가 맞닥뜨리는 거의 모든 일은 사실 많은 불확실성이 내재되어있다. 어떤 행동에 따른 결과는 대부분 예측하기가 어렵고, 또 받아들이는 사람에 따라서도 다르게 느낄 수 있다. 즉 내가 될 수 있다고 생각하면서 긍정적으로 일을 처리하면 그 의도에 따라 발전적인 방향으로 결과가 나올 수 있는 가능성이 높아지고 부정적인 생각으로 접하다 보면 내가 바라는 결과를 얻기가 어렵다는 것을 우리 실생활에서 많이 경험하고 있다.

집에서 자녀를 양육할 때도 부모가 부정적인 말을 많이 사용하면 아들이나 딸이 부정적인 사고에 물들고, 긍정적인 행동과 말투가 습관화되면 일생동안 옳고 좋은 쪽으로 생각하는 긍정적 인간으로 성장하게 된다.

현재 우리사회는 너무나 부정적 사고를 하는 사람들이 많다는 생각을 떨쳐버릴 수가 없다. 경제여건이 나쁘고 살기가 힘들어질수록 이런 현상은 심해지는 것이 아닌가 하는 생각이 든다. IMF 경제 위기 때 금 모으기 운동으로 우리나라에 활력을 불어넣은 것은 대표적인 긍정의 힘이다. 우리 국민에게 하면 될 수 있다는 긍정의 결정판을 보여준 세계적인 모범적인 예이다. 우리 민족은 수많은 역경 속에서도 굳건히 나라를 지켰고, 우리말과 글을 우리 정신의 바탕으로 삼고 있는 긍지 있는 민족이다. 이는 어느 민족에 못지않은 우리 것을 지키고 보존하고자 하는 긍정의 힘이 기저에 깔려있다. 지금 어렵다고 하여 나만을 위하는 부정적인 사고로 후에 나를 초라하게 만드는 우를 범해서는 아니 된다. 어느 상황에서나 긍정과 부정은 내 스스로 선택할 수 있다. 왜 나쁜 결과가 뻔한 부정 쪽에 눈을 돌리는가? 나는 부정적으로 사고하고 말하는 사람을 곁에 두는 것을 아주 싫어한다.

에필로그

오래 살다 보면 지혜와 혜안이 생긴다는데 70년 넘게 세월을 살아도 나에게는 이런 특전이 주어지지 않았나보다. 아직도 조금의 혜안도 생기지 않고 가끔은 스스로 감정을 추스르는 능력도 부족함을 느낀다. 우선 나 자신을 관리하는 것이 그렇게 쉽지 않다는 게 계속 안타까움으로 남는다.

과거는 지나간 것이고 미래는 지금이 아닌 것, 그래서 모두 잊고 현재에 살으리라고 하는데, 그래도 어떨 땐 지난 세월을 조용히 더듬어 볼 때도 있다. 의지가 형성되었던, 기억에 남아 있는 영상들을 다시 되돌아 보면서 생각하는 의지대로 살아 왔는가 하는 생각을 해본다. 왜정 시대에 태어나서 먹는 것이 어려운 환경(나 하고는 상관없이 부모님의 걱정이었지만), 6.25 사변으로 동족상잔의 전쟁 속에서 책상도 없이 맨 마루바닥에서 공부하던 초등학교를 다녔고, 중·고등학교는 내 의지대로 선택했는가 생각해 본다. 그 선택은 과연 나의 의지가 얼마나 반영된 것인가, 그리고 그 시대 꿈꾸기 어려웠던 서울로 유학하는 과정은 가정 형편이나 자신의 실력으로 가능하다고 하여 선택했는가? 대학에서 공부할 전공은 내가 희망해서 골랐는지가 확실하지를 않구나. 어찌 보면 흘러가는 물에 떠 있는, 낙엽이 물살에 밀리어 이곳저곳 떠돌다 여울에서 쉬어가고 굽이돌기도 하면서 지금에 도달하지 않았나 여겨진다. 운명이 정해졌다면 크게 신경 쓸 일은 아니나, 살아본 경험에 의하면 내가 우리 부모님의 아들로 태어난 것은 내 의지와는 관계가 없으나 이후 철이 들고 나서는 주어진 사주팔자대로 살았다고 단정하기는 어렵구나.

가끔은 우리 모두의 영원한 물음인 '나는 어디서 와서 어디로 가며 현생을 끝냈을 때 내세는 있는 것인가 없는 것인가? 그 내세는 어찌 생겼을까' 하는 끝없는 질문을 해 보기도 하지만 결론이 없는 것을 붙들고 있다는 허탈감을 갖기도 한다. 그래서 확고한 신념을 갖고 사는 종교인의 경지를 알고 싶기도 하다.

내가 몸담고 생활해 왔던 자연과학은 현상을 이해하고 사실을 확인하는 과정을 거치면서 증명된 것만을 믿는 한계를 갖고 있다. 자연에 존재하는 물질과 그 특성에 집착하다 보면 인간 삶의 내면을 보는 정신영역이 소홀해지고, 어찌 보면 현상에 너무 집착하는 깊지 않은 생각의 한계를 실감하기도 한다. 이런 생각의 틀이 내 모든 생활에도 깊은 영향을 끼치고 있다. 증명되지 않은 것은 믿지 못하는, 그래서 아마도 조금 단순하게 살아가나 보다.

다행스럽게도 군 복무를 마치고 어려운 시기에 내가 연구할 수 있는 여건이 되었던 조직에 몸담아 마음껏 생각하는 일들을 할 수 있었고, 훌륭한 선배들을 만나 일을 배우면서 얻었던 경험과 지식을 바탕으로 성장하였으며, 이어서 대학교에서 학생들과 생활을 같이 했던 것은 나에게는 비교할 수 없는 큰 행운이었다. 젊은이들과 교류는 새로운 세상을 여는데 큰 활력소가 되었다.

정해진 시간을 큰 탈 없이 채우고 정년퇴직하여 새로운 삶을 살아가면서, 지금까지 얻고, 알고 있는 것을 전해주는 기회를 갖기도 하고 가끔은 내가 생각한 것을 글로서 남기는 사치를 부리기도 하고 있다.

누가 그랬던가? 인간이 늙는 것은 호기심을 상실한 때부터라고. 그래서 늙지 않기 위해 계속하여 호기심을 발동시키고, 전공 분야와 관계가 조금 먼 발표회, 세미나 등에도 참여하여 다른 영역의 지식을 접하는 기회도 만든다. 이런 과정에서 또 다시 궁금증이 발동하여 새로운 영역을 살펴보고, 뛰어 들고 싶은 충동을 느끼기도 한다. 그래서 나는 아직 늙지 않았다는 호기를 부리기도 한다.

나에게 남아있는 시간이 얼마인지는 모르겠으나 내일 아침에도 눈을 뜰 것이고, 그러면 내가 품어왔던 궁금증을 풀고 호기심을 발동시켜 또 다른 세계에 나를 몰고 가고 싶구나.

신동화 명예교수와 함께하는

식품 산책

지은이 신동화
펴낸이 강대일
초판 1쇄 인쇄 2017년 4월 7일
초판 1쇄 발행 2017년 4월 10일
서울시 금천구 가산디지털1로 88 아이티프리미어타워 1102호
전화 02)3477-7114
팩스 02)3477-5222
등록 제2010-22호(등록일 : 1999.3.11)
ISBN 978-89-91978-19-5 03400 값 20,000원

http://www.foodnews.co.kr

이 도서의 국립중앙도서관 출판예정도서목록(CIP)은
서지정보유통지원시스템 홈페이지(http://seoji.nl.go.kr)와
국가자료공동목록시스템(http://www.nl.go.kr/kolisnet)에서
이용하실 수 있습니다. (CIP제어번호 : CIP2017008612)